21 世纪高职高专教材·公共基础系列

基础化学实验

（修订本）

主　编　卢建国　曹凤云

副主编　张永士　曹延华

主　审　李凤玉

U0268399

清华大学出版社

北京交通大学出版社

·北京·

内 容 简 介

本书分化学实验基本知识、实验内容两部分，作为《基础化学》教材的配套课本。对化学实验常用仪器的使用及化学基本操作、药品使用与保管、事故急救等进行了较为详尽的介绍，其中无机实验 10 个，有机实验 12 个，分析实验 16 个。为方便学生学习，本书附有学习方法、有关化学实验操作技巧等内容。

本教材适用于农林、生态、医药卫生等高职高专院校及成人教育相关专业的实验教材，也可供生物、环保、轻工等专业的高职高专师生使用和参考。

图书在版编目（CIP）数据

基础化学实验／卢建国，曹凤云主编. —北京：清华大学出版社；北京交通大学出版社，2005.8（2024.7 重印）

ISBN 978 - 7 - 81082 - 585 - 6

Ⅰ. 基… Ⅱ. ①卢… ②曹… Ⅲ. 化学实验-高等学校：技术学校-教材 Ⅳ. O6 - 3

中国版本图书馆 CIP 数据核字（2005）第 081984 号

责任编辑：吴嫦娥
出版发行：清华大学出版社　　　邮编：100084　　电话：010 - 62776969
　　　　　北京交通大学出版社　　邮编：100044　　电话：010 - 51686414
印　刷　者：北京虎彩文化传播有限公司
经　　　销：全国新华书店
开　　　本：185×230　印张：10.75　字数：247 千字
版　　　次：2024 年 7 月第 1 版第 2 次修订　　2024 年 7 月第 11 次印刷
定　　　价：32.00 元

本书如有质量问题，请向北京交通大学出版社质监组反映。对您的意见和批评，我们表示欢迎和感谢。

投诉电话：010 - 51686043，51686008；传真：010 - 62225406；E-mail：press@bjtu.edu.cn。

出 版 说 明

　　高职高专教育是我国高等教育的重要组成部分，它的根本任务是培养生产、建设、管理和服务第一线需要的德、智、体、美全面发展的高等技术应用型专业人才，所培养的学生在掌握必要的基础理论和专业知识的基础上，应重点掌握从事本专业领域实际工作的基本知识和职业技能，因而与其对应的教材也必须有自己的体系和特色。

　　为了适应我国高职高专教育发展及其对教学改革和教材建设的需要，在教育部的指导下，我们在全国范围内组织并成立了"21世纪高职高专教育教材研究与编审委员会"（以下简称"教材研究与编审委员会"）。"教材研究与编审委员会"的成员单位皆为教学改革成效较大、办学特色鲜明、办学实力强的高等专科学校、高等职业学校、成人高等学校及高等院校主办的二级职业技术学院，其中一些学校是国家重点建设的示范性职业技术学院。

　　为了保证规划教材的出版质量，"教材研究与编审委员会"在全国范围内选聘"21世纪高职高专规划教材编审委员会"（以下简称"教材编审委员会"）成员和征集教材，并要求"教材编审委员会"成员和规划教材的编著者必须是从事高职高专教学第一线的优秀教师或生产第一线的专家。"教材编审委员会"组织各专业的专家、教授对所征集的教材进行评选，对所列选教材进行审定。

　　目前，"教材研究与编审委员会"计划用2　3年的时间出版各类高职高专教材200种，范围覆盖计算机应用、电子电气、财会与管理、商务英语等专业的主要课程。此次规划教材全部按教育部制定的"高职高专教育基础课程教学基本要求"编写，其中部分教材是教育部《新世纪高职高专教育人才培养模式和教学内容体系改革与建设项目计划》的研究成果。此次规划教材按照突出应用性、实践性和针对性的原则编写并重组系列课程教材结构，力求反映高职高专课程和教学内容体系改革方向；反映当前教学的新内容，突出基础理论知识的应用和实践技能的培养；适应"实践的要求和岗位的需要"，不依照"学科"体系，即贴近岗位，淡化学科；在兼顾理论和实践内容的同时，避免"全"而"深"的面面俱到，基础理论以应用为目的，以必要、够用为度；尽量体现新知识、新技术、新工艺、新方法，以利于学生综合素质的形成和科学思维方式与创新能力的培养。

　　此外，为了使规划教材更具广泛性、科学性、先进性和代表性，我们希望全国从事高职高专教育的院校能够积极加入到"教材研究与编审委员会"中来，推荐"教材编审委员会"成员和有特色的、有创新的教材。同时，希望将教学实践中的意见与建议，及时反馈给我们，以便对已出版的教材不断修订、完善，不断提高教材质量，完善教材体系，为社会奉献更多更新的与高职高专教育配套的高质量教材。

　　此次所有规划教材由全国重点大学出版社——清华大学出版社与北京交通大学出版社联合出版，适合于各类高等专科学校、高等职业学校、成人高等学校及高等院校主办的二级职业技术学院使用。

21世纪高职高专教育教材研究与编审委员会

2007年10月

✧ 修 订 前 言 ✧

化学是一门以实验为基础的自然学科。化学实验对化学学科的发展有一定作用，在高职院校的化学教学中有着重要的作用。

编写这本《基础化学实验》的基本目的，是想把一些重要的资料编辑成一个适应于高职高专使用的教材。在编纂本书过程中，吸取了汪小兰、田荷珍、耿承延、李桂馨、李维斌、傅燕燕、苏薇薇、马长清、谢秋元、邱细敏、曾昭琼、曾和平、李景宁、陆光裕、何志强、陈和顺、刘斌、李玮路、季春阳、贾海涛、韩鸿君、黄南诊、欧英富等二十多位专家学者的《基础化学》、《分析化学》、《药物分析实验》、《分析化学实验》、《有机化学实验》、《无机化学实验》、《中学化学实验研究》、《无机化学》等书中的精华。编者把这些精华整理编纂成书，为的是高职院校的师生在日常教学、分析、化学实验中有一本查阅和借鉴的工具书。

随着我国高等职业教育的迅猛发展，迫切需要与之相适应面向 21 世纪的教材和教学辅导用书。《基础化学实验》与《基础化学》教材内容相对应，它包括无机、有机和分析化学的主要内容。在内容编排上，克服了学时少、内容多、范围广的困难。结合学生特点，有的放矢组织实践教学，并力求准确。在体现知识的先进性、科学性、实用性的同时，编者还有针对性、选择性地将有关数据、资料、学习方法、操作技巧等纳入书中。尽可能地做到推荐的分析操作方法简单、实用，符合当今高职院校学生特点，易于掌握。书中的实验谨供各高职院校根据专业需求选做。

本书由卢建国(黑龙江农垦职业学院)统稿并担任主编，并编写第一部分化学实验基本知识，第二部分实验内容的第 2 章无机实验一、二，第 4 章分析实验一、二及附录；曹凤云(黑龙江农业工程职业学院)任第二主编，并编写第二部分第 2 章无机实验三至实验六，第 3 章有机实验十一，十二(审第 4 章)；曹延华(牡丹江大学)任副主编，并编写第二部分实验内容的第 4 章分析实验十二至实验十六(审第 2,3 章)；张永士(黑龙江生态工程职业学院)任副主编，并编写第二部分第 2 章无机实验七至实验十；宋佳(黑龙江农垦职业学院)编写第二部分实验内容的第 3 章有机实验一、二，并负责书中插图；郭秀梅(黑龙江农业经济职业学院)编写第二部分实验内容的第 3 章有机实验三至实验十；邱爽(黑龙江农业经济职业学院)编写第二部分实验内容的第 4 章分析实验三至实验十一。本书由李凤玉(黑龙江农业经济职业学院)主审。

本书在编纂中，虽已力求有所前进，但限于编者水平，加之经验不足，每一个实验的实验时数，仅供参考，不作硬性规定，不足之处，敬请指正，我们诚恳地欢迎各院校师生和读者提出宝贵意见，以利于再版时改进。

编写这本《基础化学实验》的过程中，得到了黑龙江农垦职业学院教务处处长孙明木、微机室主任符啸威、医学基础主任李珠男同志的热情帮助，特别是黑龙江农业经济职业学院潘亚芬对这本书的策划和技术指导，谨此表示衷心感谢！在编纂过程中，参考了有关教材、著作，在此也向相关作者一并表示谢意！

本书在第二次印刷之前，邀请黑龙江生物科技职业学院的李昱和哈尔滨师范大学的张家伟对全书内容仔细审查，他们提出了一些很好的修改建议。对他们的辛苦劳动，在此特别致以由衷的感谢。

编　　者

2005 年 8 月

✧ 目 录 ✧

第一部分 化学实验基本知识

第二部分 实 验 内 容

第一部分

化学实验基本知识

第1章 绪 论

1.1 无机化学实验须知

化学是一门实验科学。最早的化学学科是无机化学，它在整个化学发展过程中一直起着重要作用。化学实验在无机化学教学中占有十分重要的地位。通过化学实验可以帮助学生形成化学概念，理解和巩固化学知识，培养学生观察现象、分析问题和解决问题的能力，掌握实验的基本方法、基本技能及实验报告的书写。通过实验能培养学生理论联系实际的学风和实事求是、严肃认真、团结协作的科学态度及独立工作、独立思考的能力，同时可以获得大量物质变化的第一手的感性知识。要使实验顺利完成，必须掌握6项原则，即科学性、客观性、实践性、简洁性、全面性、安全性。

1.1.1 实验室规则

(1) 实验前必须认真预习实验教材，复习教材的有关内容，明确实验目的要求，弄清实验基本原理、步骤、方法及安全注意事项。

(2) 进实验室必须穿工作服。实验开始前，应先检查仪器、药品是否齐全，如有缺少或仪器破损，立即报告教师补领或调换。如对仪器的使用方法、药品的性能不明确时，不得开始实验。尊重实验事实，认真分析和检查其原因，分析化学可以做对照实验、空白实验来减少误差。

(3) 实验中根据教材所规定的方法、步骤和试剂用量进行操作。实验时要精神集中，认真操作，细心观察，积极思考，分析比较，如实地做好详细记录。

(4) 实验台上的仪器、药品应摆放有序。公用仪器和药品用毕，随时放回原处；取用试剂时应注意滴管、移液管不可混用，以免药品、试剂被污染；要求回收的试剂应放入指定的回收容器中。

(5) 实验时必须严格遵守实验室各项制度，保持实验室的安静，注意安全，不擅自离开操作岗位。整个实验过程应勤于思考，仔细分析，力争自己解决问题，但遇到疑难问题解决不了时，可请教师指点。

(6) 实验中要经常保持实验台面和地面的整洁，废纸、火柴梗等杂物应抛入废物缸内；水槽应保持清洁、畅通。实验室内一切物品未经教师许可，不准带出室外，用剩的有毒药品应交还教师。

(7) 实验完毕，应洗净仪器，整理好实验用品和实验台，值日生负责打扫实验室卫生，经教师检查合格后，方可离开实验室。

1.1.2 安全守则

化学实验中常常会接触到易燃、易爆、有毒、有腐蚀性的化学药品，经常使用各种加热仪器(电炉、酒精灯、酒精喷灯等)，因此必须在思想上充分重视安全问题，决不能麻痹大意。实验前应充分了解本实验的安全注意事项，重视安全操作，实验中严格遵守操作规程，避免事故的发生。

(1) 凡是做有毒气体或有刺激性、恶臭气体(如：H_2S、HF、Cl_2、CO、NO_2、SO_2、Br_2 等)的实验，应在通风橱内进行。

(2) 加热液体时，切勿俯视容器，以防液滴飞溅造成伤害。加热试管时，不要将试管口对着自己或别人。

(3) 不能用湿手接触电器，要注意检查电线是否完好，电源插头随用随插，以免触电。

(4) 浓酸、浓碱具有强腐蚀性，使用时注意不要溅到皮肤和衣服上，特别要注意保护眼睛。

稀释浓硫酸时，应将浓硫酸慢慢注入水中且不断搅拌；切勿将水注入浓硫酸中，以免出现局部过热使浓硫酸溅出引起烧伤。

(5) 嗅闻气体的气味时，要用手扇闻，不要直接对着容器口闻；不得品尝试剂的味道。严禁将食品、餐具带进实验室或者在实验室内饮食、吸烟。

(6) 金属钾、钠和白磷等暴露在空气中易燃烧，所以金属钾、钠应保存在煤油中，白磷保存在水中，取用时要用镊子。(白磷是一种极毒、易燃的物质，燃点 313 K，切割时在水下操作，用镊子夹住，出水后迅速用滤纸轻轻吸干，切勿摩擦。当不慎引燃时，用沙子扑灭火焰)。

使用易燃、易爆试剂时一定要远离火源。

(7) 决不允许擅自随意混合各种化学药品；严格预防有毒药品(如重铬酸钾、铅盐、钡盐及砷的化合物、汞的化合物，特别是氰化物)入口或接触伤口；有毒废液不允许随便倒入下水道，应倒入废液缸或指定的容器内。

(8) 使用吸管或刻度吸管，原则上不能用口直接吸取。

(9) 金属汞易挥发，并通过呼吸道进入人体内，逐渐积累会引起慢性中毒。所以，实验时应特别小心，不得把金属汞洒落在桌上或地上，一旦洒落，必须尽可能收集起来，并用硫磺粉盖在洒落的地方，使金属汞转变成不挥发的硫化汞。

(10) 实验完毕，应洗净仪器，整理好实验用品和实验台，值日生负责打扫实验室卫生；必须检查实验室的水、电、气、门窗是否关好。经检查合格后，方可离开实验室。

1.2　无机化学实验常用仪器简介

无机化学实验中，常用的仪器及其简介见表 1-1。

表 1-1　无机化学实验常用仪器简介

仪　　器	主 要 用 途	使用方法和注意事项
试管	（1）盛少量试剂 （2）作为少量试剂反应的容器 （3）制取和收集少量气体 （4）检验气体产物，也可接到装置中用	（1）反应液体不超过试管容积的 1/2，加热时不超过 1/3 （2）加热前要将试管外面擦干，加热时要用试管夹 （3）加热后的试管不能骤冷，否则容易破裂 （4）离心试管只能用水浴加热 （5）加热固体时，管口应略微向下倾斜，避免管口水蒸气的冷凝水回流
烧杯	（1）常温或加热条件下作为大量物质反应的容器 （2）配制溶液用 （3）接受滤液或代替水槽用	（1）反应液体不超过容量的 2/3，以免搅动时液体溅出或沸腾时溢出 （2）加热前要将烧杯外壁擦干，加热时烧杯底要垫石棉网，以免受热不均匀而破裂
烧瓶	（1）圆底烧瓶可供试剂量较大的物质在常温或加热条件下反应，优点是受热面积大而且耐压 （2）平底烧瓶可配制溶液或加热用，因平底放置平稳	（1）盛放液体的量不超过烧瓶容量的 2/3，也不能太少，避免加热时喷溅或破裂 （2）固定在铁架台上，下面垫上石棉网再加热，不能直接加热，加热前要将外壁擦干，避免受热不均而破裂 （3）放在桌面上，下面要垫木环或石棉环，防止滚动
滴瓶	盛放少量液体试剂或溶液，便于取用	（1）棕色瓶盛放见光易分解或不太稳定的物质，防止分解变质 （2）滴管不能吸得太满，也不能倒置，防止试剂侵蚀橡皮胶头 （3）滴管专用，不得弄乱、弄脏，以免污染试剂
试剂瓶	（1）细口试剂瓶用于储存溶液和液体药品 （2）广口试剂瓶用于存放固体试剂 （3）可兼用于收集气体（但要用毛玻璃片盖住瓶口）	（1）不能直接加热，防止破裂 （2）瓶塞不能弄脏、弄乱，防止玷污试剂 （3）盛放碱液应使用橡皮塞 （4）不能作为反应容器 （5）不用时应洗净，在磨口塞与瓶颈间垫上纸条，防止下次使用时打不开瓶塞

仪　器	主要用途	使用方法和注意事项
量筒量杯	用于粗略地量取一定体积的液体时用	(1) 不可加热，不可作为实验容器（如溶解、稀释等），防止破裂 (2) 不可量热溶液或热液体（在标明的温度范围内使用），否则容积不准确 (3) 应竖直放在桌面上，读数时视线应和液面水平，读取与弯月面底相切的刻度，理由是读数准确
移液管　吸量管	用于精确移取一定体积的液体时用	(1) 取洁净的吸量管，用少量移取液润洗 1～2 次，确保所取液浓度或纯度不变 (2) 将液体吸入，液面超过刻度，再用食指按住管口，轻轻转动放气，使液面降至刻度后，用食指按住管口，移至指定容器中，放开食指，使液体沿容器壁自动流下，确保量取准确 (3) 未标明"吹"字的吸管，残留的最后一滴液体，不得吹出
容量瓶 20℃ 100 mL	用于配制准确浓度的溶液时用	(1) 溶质先在烧杯内全部溶解，然后定量移入容量瓶，理由是配制准确 (2) 不能加热，不能代替试剂瓶用来存放溶液，避免影响容量瓶容积的准确度 (3) 磨口瓶塞是配套的，不能互换
漏斗	(1) 过滤液体 (2) 倾注液体 (3) 长颈漏斗常用于装配气体发生器时加液用	(1) 不可直接加热，防止破裂 (2) 过滤时，滤纸角对漏斗角；滤纸边缘低于漏斗边缘，液体液面低于滤纸边缘；杯靠棒，棒靠滤纸，漏斗颈尖端必须紧靠承接滤液的容器内壁（即一角、二低、三紧靠）；防止滤液溅失（出） (3) 长颈漏斗作加液时斗颈应插入液面内，防止气体自漏斗泄出

续表

仪 器	主 要 用 途	使用方法和注意事项
分液漏斗	(1) 用于互不相溶的液—液分离 (2) 气体发生装置中加液体时用	(1) 不能加热,防止玻璃破裂 (2) 在塞上涂一层凡士林油,旋塞处不能漏液,且旋转灵活 (3) 分液时,下层液体从漏斗管流出,上层液体从上口倒出,防止分离不清 (4) 作气体发生器时漏斗颈应插入液面内,防止气体自漏斗管喷出
蒸发皿	(1) 用于溶液的蒸发、浓缩 (2) 焙干物质	(1) 盛液量不得超过容积的 2/3 (2) 直接加热,耐高温但不宜骤冷 (3) 加热过程中应不断搅拌以促使溶剂蒸发,口大底浅易于蒸发 (4) 临近蒸干时,降低温度或停止加热,利用余热蒸干
表面皿	(1) 盖在烧杯或蒸发皿上 (2) 作点滴反应器皿或气室用 (3) 盛放干净物品	(1) 不能直接用火加热,防止破裂 (2) 不能当蒸发皿用
酒精灯	(1) 常用热源之一 (2) 进行焰色反应	(1) 使用前应检查灯芯和酒精量(不少于容积的 1/5,不超过容积的 2/3) (2) 用火柴点火,禁止用燃着的酒精灯去点另一盏酒精灯 (3) 不用时应立即用灯帽盖灭,轻提后再盖紧,防止下次打不开及酒精挥发
铁架台	(1) 固定或放置反应容器 (2) 铁圈可代替漏斗架用于过滤	(1) 先调节好铁圈、铁夹的距离和高度,注意重心,防止放置不稳 (2) 用铁夹夹持仪器时,应以仪器不能转动为宜,不能过紧过松,过紧夹破,过松脱落 (3) 加热后的铁圈不能撞击或摔落在地,避免断裂

仪　　器	主 要 用 途	使用方法和注意事项
 试管刷	洗涤试管等玻璃仪器	(1) 小心试管刷顶部的铁丝撞破试管底 (2) 洗涤时手持刷子的部位要合适，要注意毛刷顶部竖毛的完整程度，避免洗不到仪器顶端或因刷顶撞破仪器 (3) 不同的玻璃仪器要选择对应的试管刷
 滴定管	滴定时用，或用以量取较准确测量溶液的体积时	(1) 酸的滴定用酸式滴定管，碱的滴定用碱式滴定管，不可对调混用。因为酸液腐蚀橡皮，碱液腐蚀玻璃 (2) 使用前应检查旋塞是否漏液，转动是否灵活，酸式滴定管旋塞应擦凡士林油，碱式滴定管下端橡皮管不能用洗液洗，碱式滴定管需用洗液洗涤时，应换上旧胶头，因为洗液腐蚀橡皮 (3) 酸式滴定管滴定时，用左手开启旋塞，防止拉出或喷漏。碱式滴定管滴定时，用左手捏橡皮管内玻璃珠上部，溶液即可放出，在酸式、碱式滴定管使用前，要注意排除气泡，这样读数才准确
 点滴板	用于产生颜色或生成有色沉淀的点滴反应	(1) 常用白色点滴板 (2) 有白色沉淀的用黑色点滴板 (3) 试剂常用量为 1～2 滴
 研钵	(1) 研碎固体物质 (2) 混匀固体物质 (3) 按固体的性质和硬度选用不同的研钵	(1) 不能加热或作反应容器用 (2) 不能将易爆物质混合研磨，防止爆炸 (3) 盛固体物质的量不宜超过研钵容积的 1/3，避免物质甩出 (4) 只能研磨、挤压，勿敲击，大块物质只能压碎，不能捣碎；防止击碎研钵和杵或物体飞溅

仪　器	主　要　用　途	使用方法和注意事项
试管夹	加热试管时夹试管用	(1) 加热时，夹住距离管口约 1/3 处（上端），避免烧焦夹子和锈蚀，也便于摇动试管 (2) 不要把拇指按在夹的活动部位，避免试管脱落 (3) 一定要从试管底部套上或取下试管夹，要求操作规范化
石棉网	(1) 使受热物体均匀受热 (2) 石棉是一种热不良导体，它能使受热物体均匀受热，不致造成局部高温	(1) 应先检查，石棉脱落的不能用，否则起不到作用 (2) 不能与水接触，以免石棉脱落和铁丝锈蚀 (3) 不可卷折，因为石棉松脆，易损坏
药匙	(1) 拿取少量固体试剂时用 (2) 有的药匙两端各有一个勺，一大一小，根据用药量大小分别选用	(1) 保持干燥、清洁 (2) 取完一种试剂后，必须洗净，并用滤纸擦干或干燥后再取用另一种药品，避免玷污试剂，发生事故

1.3　无机化学实验基本操作

1.3.1　玻璃仪器的洗涤和干燥

化学实验前后都要清洗不干净的玻璃仪器，这是因为玻璃仪器的干净程度直接影响实验结果是否正确。通常要求洗涤后器皿内壁只附着一层均匀的水膜，不挂水珠。

1. 洗涤方法

一般先用自来水冲洗，再用试管刷刷洗。若洗不干净，可用毛刷蘸少量去污粉或洗衣粉刷洗；若仍洗不干净可用铬酸洗液或其他洗涤液浸泡处理，浸泡后将洗液小心倒回原瓶中供重复使用，然后依次用自来水和蒸馏水淋洗。

2. 干燥方法

洗净后不急用的玻璃仪器倒置在实验柜内或仪器架上晾干；急用仪器，可放在电烘箱内烘干，放进去之前应尽量把水倒尽。烧杯和蒸发皿可放在石棉网上用小火烤干，试管可直接用小火烤干。操作时，试管口向下，来回移动，烤到不见水珠时，使管口向上，以便赶尽水气；也可用电吹风把仪器吹干。带有刻度的计量仪器不能用加热的方法进行干燥，以免影响仪器的精密度，可用易挥发的有机溶剂(如酒精或酒精与丙酮体积比为1:1的混合液)荡洗后晾干。

1.3.2 物质的加热

1. 加热时常用的仪器

加热时常用的仪器有酒精灯、酒精喷灯(见图1-1)、煤气灯(见图1-2)。

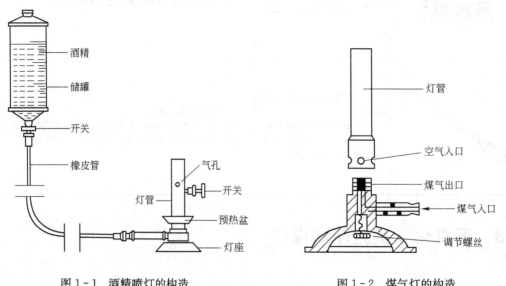

图1-1 酒精喷灯的构造   图1-2 煤气灯的构造

1) 酒精灯的使用方法

酒精灯是无机化学实验室最常用的加热器具，常用于加热温度不需太高的实验，其火焰温度在400℃～500℃，灯焰由焰心、内焰、外焰三部分组成，加热时一定要在外焰处。若要使灯焰平稳，并适当提高温度，可以加金属网罩。

使用酒精灯以前，应先检查灯芯并修整，如果顶端已烧平或烧焦或不齐，就要用镊子向上拉一下，剪去焦处。灯中若酒精很少，即小于酒精灯容积的1/3，添加时酒精不能超过酒精灯容积的2/3，加入酒精量为小于酒精灯容积的1/2～2/3为宜。**绝对不允许向燃着的酒精灯中添加酒精，以免发生危险。**

点燃酒精灯时，绝对不能拿燃着的酒精灯去点燃另一盏酒精灯。酒精灯连续使用时间不能太长，以免酒精灼热后，使灯内酒精大量气化而发生危险。

熄灭酒精灯时，不能用嘴吹，以免引起灯内酒精燃烧，发生危险；必须用灯帽盖灭。

酒精灯不用时，必须盖好灯帽，否则酒精蒸发后不易点燃。

2）酒精喷灯的使用方法

酒精喷灯的温度通常可达到 700 ℃～1 000 ℃。使用前，先在预热盘上加满酒精，然后用火点燃预热盘中的酒精，用以加热铜质灯管。待盘内酒精将燃尽时，开启开关，这时由于酒精在灼热的铜质灯管内气化，并与来自气孔的空气混合，用火柴在灯管口点燃，即可得到很高的火焰。调节开关螺丝，可以控制火焰的大小。用毕，向右旋紧开关，可使火焰熄灭。

需要注意的是在开启开关、点燃以前，灯管必须充分灼热，否则酒精在灯管内不会全部汽化，会有液态酒精由管口喷出，形成"火雨"，此时应马上关闭开关。不用时，必须关好储罐的开关，以免酒精漏失，造成危险。

3）煤气灯的使用方法

使用时，先把空气入口处关上，再打开煤气开关，引入煤气，2～3 s 后，在离灯口上面约 4 cm 处点燃，调节空气入口处的大小，使煤气与空气以适当的比例混合，此时火焰呈淡蓝色。遇到不正常火焰时应把灯关闭，冷却后，重新调节。

当空气过多时，火焰会缩到管内气孔处燃烧，形成所谓"侵入火焰"，并发出"嘘嘘"的响声，火焰的颜色变成绿色，同时有大量有毒的一氧化碳放出，温度也降低了。此时应立即将煤气开关关上，待火焰管冷却后，重新点燃，并调节空气入口的流量。当煤气进入太多时，则火焰常离开管口燃烧，称为"临空火焰"，此时可调节煤气入口，减少煤气进入量，使火焰下降，恢复正常。

用毕后，必须立刻关闭空气入口和煤气入口。离开实验室时，必须检查煤气总阀是否关上。

2. 加热的操作

酒精灯火焰的焰心中含有没有燃烧的酒精蒸汽，内焰燃烧得不充分，只有外焰温度最高，而焰心温度最低。物体用酒精灯火焰加热时，应放在内焰和外焰交界部位（外焰最好）。

实验室可用于加热的器皿有烧杯、烧瓶、试管、蒸发皿。这些仪器能承受一定的温度，但不能骤冷骤热。因此在加热前，必须将器皿外面的水擦干，加热后不能立即与潮湿的物体接触。用烧杯、烧瓶等玻璃仪器加热液体时，底部必须垫上石棉网，否则容易因受热不均而破裂。

（1）加热液体时，液体不能超过容器总容量的一半。用试管加热液体，如图 1-3 所示，液体的量不能超过试管总容量的 1/3，试管可直接放在火焰上加热，试管与桌面呈 45°～

60°，试管口不能对着人。加热时先均匀受热，然后小心地加热液体的中上部，慢慢移动试管，使其下部受热，并不时地上下移动或振荡试管，从而使液体各部位受热均匀，注意防止液体沸腾冲出，引起烫伤。

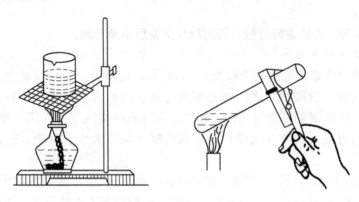

图 1-3　液体物质的加热实验图

（2）加热试管内的固体时，如图 1-4 所示，将固体试剂装入试管底部，铺平，并且必须使试管口稍微向下倾斜，以免试管口冷凝的水珠倒流到灼热的试管底而使试管炸裂。加热时，先使试管各部分均匀受热，然后固定在放固体药品的部位再集中加热。

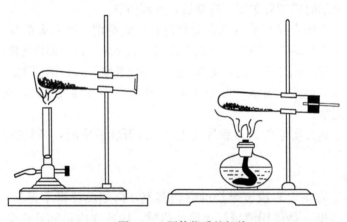

图 1-4　固体物质的加热

1.3.3　试剂的取用

实验室中，固体试剂一般放在广口瓶内，液体试剂盛放在细口瓶或滴瓶内，见光易分解的试剂盛放在棕色瓶内。实验所用的试剂，有的有毒性，有的有腐蚀性，因此一律**不准用口尝它的味道或用手去拿药品**。取用时，应看清标签，用右手握住试剂瓶，瓶上贴的标签应对着手心（虎口），打开瓶塞，将瓶塞反放在实验台上；根据用量取用试剂，不必多取；取完试剂，盖严瓶塞，将试剂瓶放回原处。

1. 固体试剂的取用

（1）取粉末或小颗粒的药品，要用洁净的药匙。往试管里装粉末状药品时，为了避免药粉沾在试管口和管壁上，可将装有试剂的药匙或纸槽平放入试管底部，然后竖直取出药匙或纸槽。

（2）取块状药品或金属颗粒，要用洁净的镊子夹取。装入试管时，应先把试管平放，把颗粒放进试管口内后，再把试管慢慢竖立，使颗粒缓缓地滑到试管底部。

2. 液体试剂的取用

（1）取少量液体时，可用滴管吸取。取出后，滴管不能伸入接受容器中，以免接触器壁而污染药品，更不能伸入到其他液体中。装有药品的滴管不能横置或管口向上斜放，以免药品流入滴管的胶头中，引起药品的变质。

（2）粗略量取一定体积的液体时可用量筒。读取筒内液体体积的数据时，量筒必须垂直放平稳，以液面呈弯月形的最凹处与刻度的相切点为准，且使视线与量筒内液体的凹液面最低处保持在一个水平，偏高或偏低都会因读不准而造成较大的误差，如图1-5所示。倾注完毕，可使量筒轻触容器壁使残留液滴流入容器。

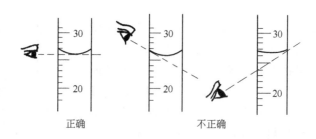

图 1-5　量筒的读数

（3）准确量取一定体积的液体时，应使用吸量管、移液管或滴定管。

1.3.4　物质的称量

台秤又叫托盘天平（如图1-6所示），常用于准确度不高的称量，一般准确度为±0.1 g。
使用步骤如下所述。

（1）调零点。称量前，先将游码拨到游码标尺的"0"位处，检查天平的指针是否停在刻度盘的中间位置，若不在中间位置，可调节天平托盘两侧的平衡螺丝，使指针指到零点。

（2）称量时，左托盘放被称物，右托盘放砝码。药品不能直接放在托盘上，可放在称量纸或表面皿上。加砝码时，砝码用镊子夹取，应先加质量大的，后加质量小的，10 g 或 5 g 以下可移动游码。当添加砝码到天平的指针停在刻度盘的中间位置时，天平

处于平衡状态，此时指针所停的位置称为停点，零点
与停点相符时(允许偏差1小格以内)，记录所加砝码
和游码的质量。

（3）称量完毕，应将砝码放回砝码盒中，游码移至
刻度"0"处，天平的两个托盘重叠后，放在天平的一
侧，使天平休止，以免台秤摆动，保护天平的刀口。特
别需要注意的是，不能利用托盘天平称量热的物品！

如果要准确的称量(分析)，可根据要求的准确度选
用扭力天平、阻尼天平、电光天平。

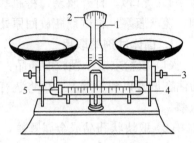

图1-6 托盘天平

1—天平指针；2—刻度盘；3—螺旋钮；
4—游码标尺；5—游码

1.3.5 物质的溶解、蒸发与浓缩

1. 溶解

称取一定量的固体，将其放在烧杯中，将液体沿玻璃棒缓慢倒入烧杯中，以防杯内溶液
溅出而损失。用玻璃棒轻轻搅拌，以加速溶解，溶解必须
完全，必要时微微加热。

2. 蒸发与浓缩

若溶液的浓度太稀或物质的溶解度较大，需要该物质
的晶体时，必须通过加热使水分蒸发，溶液浓缩，再经冷
却就可得到晶体。常用的蒸发容器是蒸发皿，蒸发皿的面
积较大，有利于快速蒸发。蒸发皿所盛液体的量不应超过
其容量的2/3。将溶液倒入蒸发皿中，把蒸发皿放在铁架
台的铁圈上，用酒精灯加热，如图1-7所示，不断用玻
璃棒搅拌滤液，直到快蒸干时，停止加热，利用余热将残
留的少量水蒸干，即得到固体。

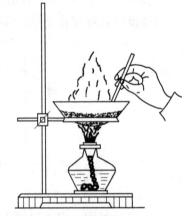

图1-7 蒸发的操作

1.3.6 量器及其操作

量器是滴定分析中用以测量溶液体积的器皿，包括移液管(吸量管)、滴定管和容量
瓶等。

1. 移液管的使用

使用前，依次用洗液、自来水、蒸馏水洗至内壁不挂水珠为止，再用少量被量取的
液体润洗2～3次，洗净后放在移液管架上。移液管的主要作用，都是用于移取一定体积
的溶液。

吸取时，如图1-8所示，用右手拇指和中指拿住移液管上端，将移液管插入待吸的液

面下 1~2 cm 左右，左手拿洗耳球，压出洗耳球内的空气，将球的尖端对准移液管上口，然后慢慢松开左手指，使溶液吸入管内。待液面超过移液管刻度时，迅速移去洗耳球并用右手的食指按紧管口。将移液管提离液面，使管尖靠着容器壁，稍稍转动移液管，使液面缓缓下降至与刻度线相切，紧按食指使液体不再流出。

将移液管移至接受溶液的容器中，使出口尖端靠着容器内壁，容器稍倾斜约40°，移液管应保持垂直，松开食指，使溶液顺壁流下，待溶液流尽后，左右转动约15 s，取出移液管。移液管若标有"吹"字，最后一滴要吹出。

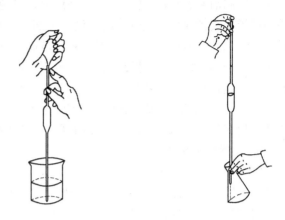

图 1-8 移液管的吸液和放液

2. 滴定管的使用

滴定管是滴定时用来准确量度流出液体体积的量器。滴定管可分为酸式滴定管和碱式滴定管。酸式滴定管的下端有一玻璃活塞，不能盛放碱性溶液或易与玻璃反应的溶液，可装入酸性或氧化性滴定液；碱式滴定管的下端连接一橡皮管，不能存放酸性或具有氧化性的溶液，以免橡皮管与溶液起反应。

(1) 准备。酸式滴定管使用前应检查活塞转动是否灵活，是否有漏水现象。如果不灵活，可取下活塞，用滤纸擦干活塞与活塞套，然后在活塞的两端涂上一层薄薄的凡士林(不要涂在活塞孔边以防堵塞孔眼)。把活塞放入活塞套，向一个方向旋转至透明为止。套上橡皮圈，将滴定管中装满水，检查是否漏水。碱式滴定管使用前应选择大小合适的玻璃珠和橡皮管，并检查滴定管是否漏水及能否灵活控制液滴。

(2) 洗涤。滴定管在装入滴定液之前，除了用洗液浸洗、自来水冲洗及蒸馏水依次洗涤外，还需用滴定液润洗 2~3 次，以免滴定液的浓度被管内残留的水稀释而增大误差。

(3) 装液。滴定液应装至零刻度以上。装好滴定液后，必须把滴定管下端的气泡赶出，以免使用时带来读数误差。酸式滴定管可转动活塞，使溶液快速冲下，带走气泡；碱式滴定管可将橡皮管弯曲，用力捏挤玻璃珠旁侧的橡皮管，即可排除气泡。气泡排出后，调节液面在 0.00 mL 处；若实验开始前液面不在 0.00 mL，则应记下初读数。

(4) 读数。读数时滴定管应垂直放置，无色或浅色溶液应读取弯月面下缘实线的最低处，深色溶液的弯月面不够清晰即较难看清切点时，如 $KMnO_4$ 或 I_2 溶液等，可读取液面两侧的最高点(上缘)。读数必须读至小数点后第二位，即要求估计到 ±0.01 mL。要使读数清晰，也可在滴定管后面衬一张纸卡为背景。视线应与液面在同一水平面上，偏高或偏低都会因读不准而造成较大的误差。

(5) 滴定。滴定操作一般是左手控制滴定管，右手拿锥形瓶，左手滴液，右手摇动。使用酸式滴定管时，无名指和小指向手心弯曲并轻轻贴在活塞的出口部分，左手的拇指、食指和中指控制活塞的转动(注意不要向外用力，以免顶出造成漏液)；使用碱式滴定管时，用左手的拇指和食指捏住橡皮管中的玻璃珠上部，向右侧挤捏橡皮管，使橡皮管和玻璃珠之间形成一条缝隙，溶液即可流出(注意不要捏玻璃珠下部橡皮管，以免空气进入形成气泡而影响读数)。刚开始滴定时的速度可稍快，但不能形成"水线"；临近终点时，滴速要慢，以半滴或 1/4 滴进行滴定，以免过量。

(6) 实验结束后，滴定管内的溶液不要倒回原试剂瓶，视情况或回收或弃去。滴定管用水洗净后充满蒸馏水，管端盖上玻璃管罩，放在滴定管架上准备下次使用。

3. 容量瓶的使用

容量瓶是主要用来配制一定体积、一定浓度溶液的量器。容量瓶颈部的刻度线，表示在所指温度下，当瓶内液体到达刻度线时，其体积恰好与瓶上所注明的体积相等。容量瓶的使用如图 1-9 所示。瓶上标有"In"字样，属于量入式；瓶上标有"Ex"字样，属于量出式。

图 1-9 容量瓶的使用

(1) 容量瓶的检漏。使用前，先检查容量瓶是否漏水。检查的方法是：加自来水至标线附近，盖好瓶塞后，用左手食指按住瓶塞，其余手指拿住瓶颈标线以上部分，右手用指尖托住瓶底边缘。将瓶倒立 2 min，如不漏水，将瓶直立，转动瓶塞 180° 后，再倒立 2 min，如不漏水洗净后即可使用。

(2) 洗涤。先用自来水冲洗至不挂水珠后，再用蒸馏水荡洗 3 次后备用。若不能洗净，需用洗液洗涤，再依次用自来水冲洗、蒸馏水荡洗。容量瓶系有刻度仪器，为防止玻璃在高温下变形，不许将容量瓶烘干或加热。

(3) 溶液的配制。将准确称量的试剂放入小烧杯中，加少量蒸馏水，搅拌使之完全溶解后，沿玻璃棒把溶液转移到容量瓶中。然后用蒸馏水洗涤小烧杯 3~4 次，将洗液完全转入容量瓶中，加蒸馏水至容量瓶体积的 2/3，按水平方向旋摇容量瓶数次，使溶液大体混匀，继续加蒸馏水接近标线时，可用滴管逐滴加水至溶液的弯月面与标线相切为止。最后旋紧瓶塞，用食指压住瓶塞，另一只手托住容量瓶底部，倒转容量瓶，加以摇荡，以保证溶液充分混合均匀。应当注意的是，若固体试剂需加热溶解，或物质溶解时放热，应冷却至室温后，再转移至容量瓶中进行配制。

1.3.7   固液分离

在无机化合物(或分析化学)的制备、混合物的分离、离子的分离和鉴定等操作中，常常需要进行固体和液体分离的操作，固液分离常用的方法有以下 3 种。

1. 倾析法

当沉淀结晶的颗粒较大或密度较大，静置后很快沉降至容器底部时，可将沉淀物上部的澄清液缓慢倾入另一容器中，即能达到分离的目的。

2. 过滤法

过滤是分离沉淀最常用的方法之一，可分为常压过滤、减压过滤和热过滤3种。

1）常压过滤

此法最为简便和常用。滤器为贴有滤纸的漏斗。先把滤纸沿直径对折，压平，然后再对折。将滤纸打开成圆锥状（一边三层，一边一层），从三层滤纸一边剪去外面两层的一小角，如图1-10所示把滤纸的尖端向下，放入漏斗中，使滤纸边缘比漏斗口低0.5～1 cm，用少量水润湿滤纸，使它与漏斗壁贴在一起，中间不能留气泡，否则将会影响过滤速度。

把过滤器放在漏斗架上，调整高度，把漏斗下端的口紧靠烧杯的内壁，如图1-11所示，将玻璃棒下端与三层处的滤纸轻轻接触，让要过滤的液体从烧杯嘴沿着玻璃棒慢慢流入漏斗，滤液的液面应保持在滤纸边缘以下。若滤液仍显浑浊，应再过滤一次。

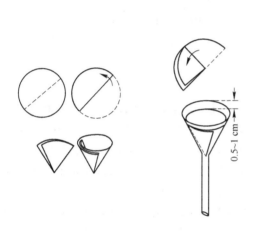

图1-10 过滤的准备

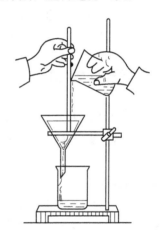

图1-11 过滤的方法

2）减压过滤（抽滤）

减压过滤可以加速过滤，也可把沉淀抽吸得比较干燥；但不适用于胶状沉淀和颗粒细小的沉淀的过滤，这是因为此类沉淀可能透过滤纸或造成滤纸堵塞。

减压过滤装置由布氏漏斗、吸滤瓶、安全瓶和水泵（或油泵）组成。其原理是利用水泵（或油泵）将吸滤瓶中的空气抽出，使其减压，造成布氏漏斗的液面与瓶内形成压力差，从而提高过滤速度。为了防止倒吸需要在水泵（或油泵）和吸滤瓶之间安装一个安全瓶，并且在过滤完毕时，应先拔掉吸滤瓶上的橡皮管，然后关水泵（或油泵）。

过滤前，先将滤纸剪成直径略小于布氏漏斗内径的圆形，平铺在漏斗上，恰好盖住漏斗的全部小孔，用少量水润湿滤纸，慢慢抽滤，使滤纸紧贴在漏斗瓷板上，用倾析法先将上部澄清液沿着玻棒注入漏斗中，最后将晶体或沉淀转入漏斗中，抽滤至无液体流下为止。

3）热过滤

如果溶质在温度降低时易析出晶体，实验时又不希望它在过滤时留在滤纸上，就要采用热过滤。热过滤通常把玻璃漏斗放在铜制的且装有热水的漏斗内，以维持一定的温度，其余操作与常压过滤一样。

3. 离心分离法

当被分离的沉淀很少，不能采用滤纸分离时，可以应用离心分离法。离心分离法所用的仪器是电动离心机。电动离心机如图1-12所示。

图1-12　电动离心机

使用时将待分离的溶液放在离心试管中，再把离心试管装入离心机的套管中，位置要对称，重量要平衡。若仅离心一个样品，则在其对面的位置应放一个盛有等体积水的离心试管，否则重量不均衡会引起震动，造成机轴磨损。

开启离心机时，应先低速，逐渐加速，根据沉淀的性质决定转速和离心的时间。关机后，应让离心机自然减速，决不可用手强制其停止转动。

 资料学习

1. 陈化　　沉淀结束后，一般都要经过陈化，再进行过滤。**陈化**就是将沉淀和母液在一起放置一段时间。室温陈化需要十多个小时，水浴上加热并不断搅拌只需要1～2 h(此法缩短了陈化时间)。陈化也就是使细小的晶体逐渐溶解，粗大的晶体不断长大的过程。

2. 晶形沉淀的条件　　可以概括为"**稀、热、慢、搅、陈**"5个字。即在较**稀**的溶液中，在加**热**的情况下，**慢**慢加入沉淀剂，边加边**搅**拌，沉淀完毕后，应将沉淀**陈**化，再进行过滤。

3. 胶体沉淀　　为了避免胶状沉淀在溶液中生成胶体溶液或过多的吸附杂质，可在生成较紧密的沉淀后加入大量热水稀释，不经陈化，待沉淀沉降后立即过滤和洗涤。

1.4　有机化学实验规则

有机化学实验是有机化学教学的重要组成部分，通过实验可以帮助学生理解和巩固课堂讲授的基本理论知识，掌握有机化学实验的基本操作技能，培养学生观察、分析、解决问题的能力，培养理论联系实际、严谨求实的科学态度，培养创新意识，养成爱护公物、遵守纪律和团结协作的良好习惯，形成良好的工作作风。进行有机化学实验之前，应当认真学习和领会有机化学实验的一般知识。

为了保证有机化学实验教学的正常进行，实验时必须严格遵守实验室规则和安全规则。

(1) 实验前应认真预习，明确实验目的要求、基本原理、实验内容和有关操作技术，并简要地写出预习报告。

（2）在实验室内，要听从教师指导，遵守秩序，保持安静。实验时做到操作规范，注意力集中，积极思考，认真、仔细地观察，如实地做好实验记录。

（3）爱护国家财产。公用仪器、原料、试剂等应在指定的地点使用，用后放回原处。药品应按照规定的用量取用，注意节约水、电、酒精。破损仪器应及时报损补充。实验室的物品不得携带出室外。

（4）保持实验室的整洁。实验台面、地面、水槽等应经常保持清洁，污物、残渣等应扔到指定的地点，废酸、废碱等腐蚀性溶液不能倒进水槽，应倒入指定的废液缸中。

（5）合理安排时间。应在规定时间内完成实验，中途不得擅自离开实验室及实验岗位。实验完毕，应将所用仪器洗涤干净，放置整齐，并将实验原始记录或实验报告交给老师，经检查、认可后才可离开。

（6）轮流值日的学生应将实验室内外进行清扫，清倒废液，将有关器材、药品整理就绪，关好水、电、门、窗，经老师检查合格后才可离开。

（7）熟悉安全用具和使用方法，安全用具和急救药品不准移作他用。

1.5 有机化学实验常用仪器简介

表 1-2 列出了有机化学实验中常用的玻璃仪器。有些仪器，如试管、烧杯、滴管、量筒、表面皿、蒸发皿、酒精灯等在无机化学实验中已介绍过，这里不再作介绍，下面重点介绍有机化学实验中常用的标准接口玻璃仪器。

表 1-2 有机化学实验中常用的玻璃仪器

仪　　器	主　要　用　途	使　用　注　意　事　项
圆底烧瓶　三口烧瓶	（1）圆底烧瓶可作为蒸馏瓶，也可用于试剂量较大的加热反应及装配气体发生装置 （2）三口烧瓶主要用于有机化合物的制备	（1）蒸馏装置中的被蒸馏液体一般不超过蒸馏瓶容积的2/3，也不少于1/3 （2）加热时需垫上石棉网，并固定在铁架台上，防止因骤冷使容器破裂 （3）三口烧瓶的三个口根据需要可方便插入温度计滴液漏斗，与蒸馏头或冷凝管等连接
蒸馏头	用于常压蒸馏	上口接温度计，斜口连接直形冷凝管

仪　器	主要用途	使用注意事项
空气冷凝管　　直形冷凝管 球形冷凝管　　蛇形冷凝管	（1）主要用于冷却被蒸馏物的蒸汽 （2）蒸馏沸点高于130 ℃的液体时，选用空气冷凝管 （3）蒸馏沸点低于130 ℃的液体时，选用直形冷凝管 （4）蒸馏沸点很低的液体时，选用蛇形冷凝管 （5）球形冷凝管一般用于回流	（1）用万能夹固定于铁架台上 （2）使用冷凝管时（除空气冷凝管外），冷凝水从下口进入，上口流出，上端的出水口应向上。以保证套管中充满水 （3）在加热之前，应先通冷凝水
刺形分馏管	（1）主要用于分离沸点相差不大的液体（相差25 ℃左右） （2）也可用于有机化合物的制备	实验过程中要尽量减少分馏柱的热量损失，必要时可在分馏柱的周围用石棉绳包裹
接受管　　真空接受管	（1）接受管和三角烧瓶一起作为常压蒸馏时的接收器，接收经冷凝管冷却后的液体 （2）真空接受管用于减压蒸馏	（1）管的小嘴与大气相通，避免造成封闭体系，必要时也可通过干燥塔与大气相通 （2）真空接受管的小嘴用于抽真空，但需要通过保护瓶与真空泵连接
分馏头　　真空三叉接液管	（1）分馏头用于减压蒸馏 （2）真空三叉接液管用于具有多种馏分的减压蒸馏	（1）分馏头的2个上口分别接毛细管和温度计，斜口连接直形冷凝管 （2）真空三叉接液管连接3个接收瓶，小嘴用于抽真空，但需要通过保护瓶与真空泵连接

续表

仪　　器	主 要 用 途	使 用 注 意 事 项
T形联接管	（1）用于水蒸汽蒸馏装置，其主要作用是起连接作用，同时可以方便地除去冷凝下来的水 （2）如果蒸馏系统发生阻塞时，可及时放气，以免发生危险	当水蒸汽蒸馏完毕时，应先打开 T 形连接管
熔点测定管	用于测定熔点	(1)熔点测定管应固定在铁架加台上 (2)加入的传温介质要淹没测定管的上侧管口 (3)应在测定管的侧管末端进行加热
分液漏斗(球形) 分液漏斗(梨形)　滴液漏斗	（1）分液漏斗主要应用于： ① 分离两种互不相溶物质液—液分离 ② 萃取 ③ 洗涤某液体物质 （2）滴液漏斗可用于滴加液体试剂	(1) 使用前要检查活塞是否漏水，如果漏水，则需将活塞擦干均匀地涂上薄薄的一层凡士林油(活塞的小孔处不能涂抹) (2) 所盛放的液体总量不能超过漏斗容积的3/4 (3) 分液漏斗要放在固定于铁架台的铁圈上 (4) 分液漏斗中的下层液体通过活塞放出，上层液体从漏斗口倒出，防止分离不清 (5) 用毕洗净后，在磨口处应垫上小纸片，以防久置黏结，日后因久置打不开
抽滤瓶　　布氏漏斗	用于常量分离晶体和母液时的抽气过滤	(1) 布氏漏斗以橡皮塞固定在抽滤瓶上，下端的缺口对着抽滤瓶的侧管 (2) 滤纸应小于布氏漏斗的底面，但须盖住其小孔，用溶剂润湿滤纸，使其紧贴在布氏漏斗的底面上
保温漏斗	用于溶解度随温度变化较大物质的趁热过滤	(1) 保温漏斗中的水温视所用溶剂而定，一般应低于溶剂的沸点，以避免溶剂蒸发而析出晶体 (2) 如果需过滤液体的量较大，且溶剂非易燃物，可加热保温漏斗的侧管

1.5.1　说明

①　标准接口玻璃仪器，均按国际通用的技术标准制造，当某个部件损坏时，可以选购。

②　标准接口玻璃仪器的每个部件在其口、塞的上或下显著部位均具有烤印的白色标志，表明规格。

常用的有：10、12、14、16、19、24、29、34、40 mm 等。

③　标准接口玻璃仪器的编号与大端直径为

编号	10	12	14	16	19	24	29	34	40
大端直径/mm	10	12.5	14.5	16	18.8	24	29.2	34.5	40

④　有的标准接口玻璃仪器有两个数字，如 10/30，其中 10 表示磨口大端的直径为 10 mm，30 表示磨口的高度为 30 mm。

1.5.2　使用标准接口玻璃仪器注意事项

①　标准口塞应经常保持清洁，使用前宜用软布揩拭干净，但不能着上棉絮。

②　使用前在磨砂口塞表面涂以少量真空油脂或凡士林油，以增强磨砂接口的密合性，避免磨面的相互磨损，同时也便于接口的装拆。

③　装配时，把磨口和磨塞轻微地对旋连接，不宜用力过猛。但不能装得太紧，只要达到润滑密封的要求即可。

④　用后立即拆卸洗净；否则，对接常会粘结，导致拆卸困难。

⑤　装拆时应注意相对的角度，不能在角度偏差时进行硬性装拆；否则，极易造成破损。

⑥　磨口套管和磨塞应该由同种玻璃制成，迫不得已时，才用膨胀系数较大的磨口套管。

1.5.3　玻璃器皿的洗涤

实验用过的玻璃器皿必须立即洗涤，应该养成习惯。这是由于污垢的性质在当时是清楚的，使用适当的方法进行洗涤是很容易办到的，长久不洗会增加洗涤的困难。

玻璃器皿洗净（清洁）的标志是：加水倒置，水顺着器壁流下，内壁被水均匀润湿，有一层既薄又均匀的水膜，不挂水珠。

洗涤的方法是根据粘附器壁上的某种物质的性质，"对症下药"采用适当的药品来处理。常见处理方法有以下 5 种。

①　一般的用水、洗衣粉、去污粉刷洗（刷子是特制的，如瓶刷、烧杯刷、冷凝管刷等）。

②　酸性的污垢用碱性洗液洗：

• 油脂、有机酸用碱液和合成洗涤剂配成的浓溶液即可；

- 硫磺用煮沸的石灰水清洗；

③ 碱性的污垢用酸性洗液洗：

- 草酸和硫酸可以洗涤掉二氧化锰；

- 铬酸对有机污垢破坏力很强、还可以洗涤掉少量炭化残渣及蒸发皿和坩埚上的污迹（铬酸洗液可反复使用，但变绿表示失效，不可再用，应弃去）；

- 浓盐酸可以洗涤掉碳酸盐污垢及二氧化锰；

- 硝酸可以洗涤掉附着在器壁上的铜或银（难溶性银盐还可用硫代硫酸钠洗液洗）。

④ 有机污垢用碱液或有机剂洗，如丙酮、乙醚、苯可以洗涤掉胶状或焦油状有机污垢、油脂、有机酸等。

⑤ 瓷研钵内污迹，可取少量食盐水放在其中研磨，倒去食盐水后，再用水冲洗。

应当注意的是，用腐蚀性洗液时则不用刷子，不能用沙子洗涤玻璃器皿。

部分洗液配方详见附录表 D-9。

1.6 实验报告的书写

1.6.1 无机实验报告的书写

正确书写实验报告是实验教学的主要内容之一，也是基本技能训练的需要。一份合格的实验报告不仅要完整、准确的报告实验目的、实验原理、实验步骤、实验现象及数据、实验结论和注意事项，还应根据实验的现象进行分析、解释，得出正确的结论，写出反应方程式，或根据记录的数据进行计算，并将计算结果与理论值比较，分析产生误差的原因。实验步骤，尽量用简图、表格、化学式、符号等表示。实验现象和数据应如实记录，要求做到科学、严谨、简洁、明确。

根据无机化学实验类型的不同，在此给出几种实验报告格式的示例，以供学习时参考。

测 定 实 验

实验名称_____ 日期_____

(1) 实验目的：

(2) 实验原理（测定简述）：

(3) 实验内容：

（4）数据处理：用表格的形式列出实验测定的数据并进行计算，得出结果。

（5）问题和讨论：将计算结果与理论值（或文献值）比较，分析产生误差的原因。

（6）附注：

指导教师签名_____

性 质 实 验

实验名称_____ 日期_____

（1）实验目的：

（2）实验原理：

（3）实验内容（用表格表示，如表1-3所示）：

表1-3 漂白粉的性质

实 验 内 容	实 验 现 象	反应式及解释
少量漂白粉固体加2 mol/L盐酸2 mL，KI淀粉试纸，试之	试纸由无色变为蓝色	$Ca(ClO)_2 + 4HCl = 2Cl + CaCl + 2H_2O$ $Cl_2 + 2KI = I_2 + 2KCl$ I_2遇淀粉变蓝色

（4）问题和讨论：总结收获和体会。

（5）分析出现反常的原因：

（6）附注：

指导教师签名_____

定性分析实验

实验名称_____ 日期_____

（1）实验目的：

（2）实验原理：

（3）实验内容：

ｉ. 例如，Cu^{2+}、Ag^+、Zn^{2+}、Hg^{2+} 离子混合液的分离鉴定参考流程图（见图 1-13）

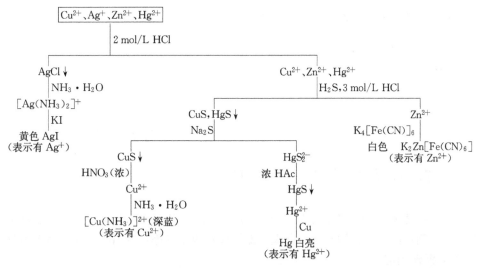

图 1-13 Cu^{2+}、Ag^+、Zn^{2+}、Hg^{2+} 离子混合液的分离鉴定流程图

ⅱ. 例如，样品混合液离子的分离鉴定参考流程图（见图 1-14）

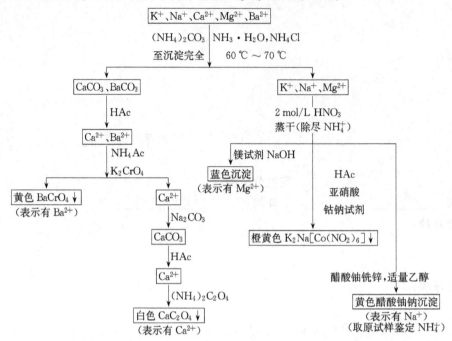

图 1-14　K^+、Na^+、Ca^{2+}、Mg^{2+}、Ba^{2+} 离子混合液的分离鉴定流程图

ⅲ. 有关反应方程式

（4）问题和讨论：总结收获和体会，分析出现反常的原因。

（5）分析出现反常的原因：

（6）附注：

指导教师签名＿＿＿＿＿＿＿＿＿＿＿＿

1.6.2　有机化学实验报告的书写

　　为了使实验能够达到预期的效果，在实验之前要做好充分的准备工作，反复阅读实验的全部内容，明确目的要求，领会基本原理和操作技术的要点等，并简明扼要地写出预习报告。

1. 预习报告的书写

对于基本操作实验，预习报告的内容包括：实验目的、装置简图、实验步骤（最好用流程图表示)及注意事项。

对于性质实验,预习报告的内容包括:简要的实验步骤并能解释将观察到的现象(最好用表格的形式),尽量用简短的语句和化学用语 —— 分子式、反应式等来表示。

对于制备有机化合物的实验,预习报告的内容包括:实验目的、实验原理(写出反应式)、装置简图、原料和主要产物的重要物理常数(如熔点、沸点、溶解度等)、实验步骤(最好用流程图表示)及注意事项。还应该对所做的实验内容作概要的描述。

2. 实验记录

在实验中,学生除了要认真操作、仔细观察、积极思考外,还应将观察到的现象、测得的各种数据如实地记录下来,记录本要求用装订本,不得用活页纸、散纸。记录本内容包括:

① 头几页空出,留作编目用;

② 页码编号;

③ 每做一个实验,应从新的一页开始;

④ 记录内容:试剂的规格和用量、仪器名称、规格、牌号、实验日期、所用去的时间、现象和数据。

应当注意的是,若写错只能划掉,不允许擦掉、涂掉、改掉、撕掉,尤其是分析实验。

3. 实验报告的书写

实验完毕,将预习报告和实验记录加以整理,写出本次实验的实验报告。报告一般用表格的形式如下所示。

实验 醛、酮的性质

专业_____ 班级_____ 姓名_____

年_____月_____日_____

一、实验目的

(1) 验证醛和酮的主要化学性质。

(2) 掌握醛和酮的鉴别方法。

二、实验内容、现象及解释

项 目	操 作 步 骤	实验现象	解释或结论
与 2,4-二硝基苯肼反应	1″HCOH 2″CH₃CHO 3″CH₃COCH₃ 4″C₆H₅CHO +10d 2,4-二硝基苯肼	有橙色↓生成 有橙色↓生成 有橙色↓生成 有橙色↓生成	

三、讨论：总结收获和体会，分析出现反常的原因。

实验　乙酰苯胺的制备

专业＿＿＿＿＿＿＿＿　班级＿＿＿＿＿＿＿＿　姓名＿＿＿＿＿＿＿＿

年＿＿＿＿月＿＿＿＿日＿＿＿＿

一、实验目的

(1) 熟悉苯胺乙酰化反应的原理和方法。

(2) 掌握分馏装置的操作和重结晶的操作。

二、实验原理

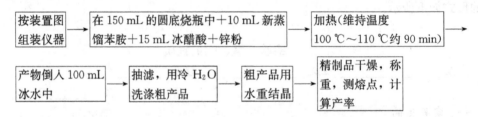

三、实验装置图(略)

四、实验操作步骤

按装置图组装仪器 → 在 150 mL 的圆底烧瓶中＋10 mL 新蒸馏苯胺＋15 mL 冰醋酸＋锌粉 → 加热(维持温度 100 ℃～110 ℃约 90 min) →

产物倒入 100 mL 冰水中 → 抽滤，用冷 H_2O 洗涤粗产品 → 粗产品用水重结晶 → 精制品干燥，称重，测熔点，计算产率

五、实验记录

原　料	产物外观	产物质量/g	产物熔点	产　率
10 mL 苯胺	白色晶体	……	……	……

六、讨论

指导教师签名＿＿＿＿＿＿＿＿

综上所述，实验报告应包括以下几个方面的内容：

(1) 实验题目

(2) 实验目的；

（3）反应式；

① 主反应；

② 副反应；

（4）主要试剂及产物的物理常数；

（5）仪器装置图；

（6）实验步骤和现象记录；

（7）产品外观、重量、产率；

（8）讨论；

（9）附注。

指导教师签名＿＿＿＿＿＿＿＿

1.6.3 化学实验报告格式（参考）

×××××××大学

（ ）化学实验报告

实验：＿＿＿＿＿＿＿＿＿＿＿＿

年级：＿＿＿＿＿＿＿＿组别：＿＿＿＿＿＿＿＿

姓名：＿＿＿＿＿＿＿＿

日期：＿＿＿＿＿＿＿年＿＿＿＿月＿＿＿＿日

一、实验目的

二、实验原理

三、主要试剂及产物的物理常数

名 称	相对分量	颜色晶型	$\dfrac{Mp}{℃}$	$\dfrac{bp}{℃}$	相对密度	n_D	溶解度/g·mL^{-1}		
							H_2O	乙醇	乙醚

四、主要试剂用量及规格

五、仪器装置

六、实验步骤和现象

实 验 步 骤	现 象

七、产品和产率

八、问题讨论

九、实验习题

十、成败关键

指导教师_____

1.6.4 分析实验报告的书写

在分析实验的记录和报告中，有些常用的术语可以用简略符号表示，例如：

5　滴……………5d	搅　拌…………⤴
红色溶液…………红 O	蒸　发…………⊥
棕色气体…………棕↑	离心分离…………∧
加　热…………△	白色沉淀…………白↓

分析实验报告并没有一定的格式，但一般来说，应注意提高实验报告的表现力。通常在能用表格表达实验内容时，应尽量采用表格式。例如，实验记录示例如表 1-4～表 1-6 所示。

表 1-4 未知物分析报告单

离 子	检 出 量	教 师 批 语

表 1-5 称量瓶的称量报告单

物体 ＼ 砝码	克级砝码/g	环码/mg	投影屏/mg	物重/g
全 瓶	10＋5＋2	230	4.5	17.234 5
瓶 身	10＋2＋1＋1′	220	1.3	14.221 5
瓶 盖	2＋1	10	3.3	3.013 3
瓶身＋瓶盖				17.234 6
误差 ＝（瓶身＋瓶盖）－全瓶重（mg）				0.1

表 1-6 酸碱标准溶液的标定

0.1 mol/L NaOH 溶液的标定（基准物质：邻苯二甲酸氢钾）

步 骤	项 目	数 据
基准物质的称量/g	称量瓶＋基准物质	22.441 7
	称量瓶	17.234 5
	基准物质	5.207 2
标定/mL	NaOH 体积(1)	25.18
	(2)	25.21
	(3)	25.16
计 算	NaOH 体积平均值/mL	25.18
	相对平均偏差/%	0.07
	NaOH 浓度/ mol·L^{-1}	0.101 3

1.7 数据记录

在化学实验中，经常需要将实验测得的数据进行数学计算。在数据处理过程中，要获得准确的结果，不仅要准确地测量，而且要正确地记录和计算物理量。物理量记录的数据所保留的有效数字位数，应与所用仪器的准确度相适应，任何超过或低于仪器准确度的有效位数都是不恰当的。计算过程中也应正确地保留结果的位数，避免数字尾数过长所引起的计算误差。

1.7.1　有效数字

有效数字是指能从测量仪器上直接读出的数字，只有最后一位是估计得到的(可疑值)。如用台秤称葡萄糖，得到的结果是 4.3 g，前面的"4"是准确数字，后面的"3"是估计值，因为台秤只能称准到 0.1 g，所以该物质量可表示为 4.3 ± 0.1 g，这个数据是两位有效数字。若用分析天平称量得到 5.432 1 g，前面的"5.432"是准确数字，后面的"1"是估计值，因为分析天平能准确到 0.000 1 g，所以该物质量可表示为 $5.432 1 \pm 0.000 1$ g，这个数据是 5 位有效数字；又如用 10 mL 量筒量液体体积为 7.5 mL，有两位有效数字，而用 50 mL 的滴定管量同样的液体体积则为 7.53 mL，有 3 位有效数字，因为量筒的精度为 ± 0.1 mL，而滴定管的精度为 ± 0.01 mL。7.5 mL 中的 0.5 mL 及 7.53 mL 中的 0.03 mL 都是用肉眼估计的。

有效数字与仪器的准确程度有关，其最后一位数字是估计的(可疑数)，其他的数字都是准确的。所以在记录测量数据时，任何超过或低于仪器准确程度的有效位数的数字都是不恰当的，如果在上面的例子中，用台秤称得 4.3 g 葡萄糖，不可记为 4.300 0 g；用分析天平称量得某物质量恰为 4.300 0 g，亦不可记为 4.3 g，因为前者夸大了仪器的准确度，后者缩小了仪器的精确度。

数字 1～9 都可作为有效数字，而"0"有些特殊。如果在小数点前，除 0 以外无其他数字；则小数点后其他数字之前的都不是有效数字，如 0.001 6，"0"只起定位作用，这个数据只有两位有效数字；如果 0 在数字中间或数字末端都是有效数字，如 0.205 0，这个数有 4 位有效数字。

1.7.2　数字修约规则

修约：当数据与数据之间发生运算关系时，常需将某些数据按一定的规则确定有效数字的位数后，弃去多余的尾数。

具体修约规则有以下几个方面。

(1) 四舍六入五留双。即测量数值中被修约的那个数。

① 若≤4 时，该数须舍去。

② 若≥6 时，则进位。

③ 若＝5 时，条件一：5 后无数或 5 后为 0 时，若 5 前面是偶数，则舍去；若 5 后面是奇数，则进 1；条件二：5 后面还有不为 0 的任何数时，无论 5 前面是偶数还是奇数，则一律进 1。

例如，将下列测量值修约为 4 位数：

2.142 45	2.142
3.214 61	3.215
4.724 50	4.724
7.767 5	7.768
3.986 52	3.987

（2）一次修约。对原测量值要一次修约到所需位数，不能分次修约。

将 4.314 9 修约成 3 位数，不能先修约成 4.315，再修约成 4.32，而只能一次修约为 4.31。

（3）多算 1 位。由于 9 与 10 的相对误差接近，当 9 处于数据的首位时，可把 9 视为两位有效数字；有时也将 8 作两位有效数字处理。所以，对原测量值中的数据若大于等于 8，修约时有效数字的位数要多算 1 位。（依据：8 以上的数据的相对误差与 10 相适应）

例如：

原测量值	理论位数	实际位数（多算 1 位）
8.3	2	3
9.8	2	3

（4）对数运算。化学计算中还会遇到 pH、pKa、$\lg K$ 等对数运算，真数有效数字的位数与对数的尾数的位数相同，而与首数无关，首数是供定位用的，不是有效数字。所以说对数中的整数不能看作有效数字，所得运算结果的有效数字位数，应与小数部分有效数字的位数相同。

例如：pH＝2.73，则 $[H^+]=1.9\times10^{-3}$ mol/L，有 2 位有效数字(73)。

再如：$\lg 15.36=1.186\ 4$ 是四位有效数字，不能写成 $\lg 15.36=1.186$ 或 $\lg 15.36=1.186\ 39$。

（5）无限多位。非测量所得值。

例如：$6H_2O$　　$1/2\ KMnO_4$

（6）表示准确度或精密度时，多数情况下，只取 1 位有效数字即可，最多取两位数。

例如：在滴定管读取数据时，必须记录到小数点后 2 位，如溶液体积为 22 mL 时，要写成 22.00 mL。修约也是如此。

1.7.3　有效数字的运算

1. 加减法

所得运算结果的有效数字位数，应与各数值中小数点后位数最少的相同（绝对误差最大为依据）。

例如：　0.012 0＋25.64＋1.057 92

$$=0.01+25.64+1.06$$
$$=26.71$$

25.64 中的"4"是可疑数字,有 0.01 的误差。所以 3 个数相加后,它们的和只能保留到小数点后第 2 位。因此,运算时以 25.64 为准,可以先将其余两个数修约成 2 位小数,然后再相加求和。

又如:　　　　　　　　　　$3.4658+6.3+0.047=9.8128$

初结果写为 9.8,余下的数字应按"四舍六入五成双"的规则修约,如 9.846 修约成 3 位有效数字是 9.85,修约成 2 位有效数字是 9.8,最后确定值是 10(相加求和后修约也可)。

2. 乘除法

所得运算结果的有效数字位数,应与各数值中有效数字位数最少的相同(相对误差最大为依据)。

例如:　　$0.13 \times 0.112 \times 2.4532$
$$=0.035718592$$
$$=0.036$$

结果应写为 0.036。这样相对误差才与各数中相对误差最大的那个数相适应。

1.7.4　化学实验中不可忽视的数据

(1) 取用液体药品,未说明用量时,一般应取 1~3 mL,这样可减少浪费。

(2) 取用固体药品,未说明用量时,一般应取铺满试管底部为宜(≤2 g)。

(3) 往试管中加入固体粉末试剂时,可用药匙或将取出的药品放在纸槽上,伸进试管的 2/3 处倒入。加入块状固体试剂时,应将试管倾斜使固体颗粒慢慢滑入试管底部,以防止打破管底。

(4) 使用胶头滴管滴加试剂时,尖嘴须离容器口 1 cm 左右,以防止容器内的液体通过滴管而被带入试剂瓶,污染试剂。

(5) 酒精灯内酒精不能超过酒精灯壶容积的 2/3,否则受热时因体积膨胀而使酒精溢出,造成火险;也不能小于容积的 1/3,以防止酒精汽化而引起爆炸。酒精灯连续使用时间不能太长,以免酒精灼热后,使灯内酒精大量气化而发生危险。酒精灯的灯芯不宜过短,一般浸入酒精后还要余留 4~5 cm,以保证能充分接触酒精。

(6) 钢瓶中的气体不能全部用完,一定要保留 0.5 kg 以上的残留压力(表压),可燃性气体如乙炔应剩余 2~3 kg,以防止重新灌气时发生危险。

(7) 钢瓶划伤深度,肩部超过 1 mm,瓶身超过 2 mm 时,此钢瓶便不能使用,以防止发生危险。

(8) 试管夹应夹在距管口 1/3 处,一方面防止加热时将木夹和绒垫烧焦;另一方面能使试管平稳,便于振荡、加热及观察现象。

(9) 加热试管中的液体时，试管应与桌面成 45°，以增大受热面积。其中试管中液体体积一般不能多于试管容积的 1/3，目的是防止液体局部沸腾飞溅，也利于加热和振荡。

(10) 水浴加热时水浴锅内盛水量不超过其容量的 2/3，且操作时应随时补充少量水，以维持水量在其容量的 2/3 左右。若容量过多则会使水溢出，水量少则会减少受热面积且会使受热不均。

(11) 当用烧杯盛液体时，其液体不能超过烧杯容积的 2/3，以利于搅拌和加热。

(12) 过滤时滤纸的边缘应比漏斗口稍低大约 0.5 cm，其漏斗内液面应低于滤纸边缘 0.5 cm 左右，以防止液体流出及液体从滤纸与漏斗间通过。

(13) 水槽的盛水量不能超过其容量的 2/3，既防止水外溢，又便于操作。

(14) 固定烧杯时，铁夹需夹在烧瓶颈部距烧瓶口 1/3～1/4 处，以便于固定和加热。

(15) 干燥器内的干燥剂应占其底部容积的 2/3 左右，不能触及多孔瓷板，以防止干燥剂与干燥物质接触发生化学反应。

(16) 制蒸馏水时，可用开始收集到的 2～3 mL 蒸馏水洗涤试管壁，防止管壁内有其他杂质影响蒸馏水的纯度。

(17) 蒸馏时，烧瓶内液体体积不能超过其容积的 2/3，目的是为了增大受热面积，也不能少于其容积的 1/3，以防止烧瓶破裂。

(18) 在蒸馏冷凝装置中，插入应接管中的冷凝管的直管部分应露出胶塞 2～3 cm，以防馏出液被胶塞污染。

(19) 使溶液浓缩或结晶时，若用蒸发皿，液体体积不能超过蒸发皿容积的 2/3，以防止沸腾时液体溢出、飞溅。

(20) 吸取溶液时，应将移液管插入溶液约 1 cm 处。若插得太浅会产生吸空，插得太深会使管外粘附溶液过多，转移时会流入接受器，影响量取溶液的准确性。

(21) 用移液管放液后应等待 15 s 左右，再将移液管取出，以保证溶液全部转移。

(22) 给胶塞打孔时，当钻至塞子的 1/3～1/2 时，应将打孔器逆时针旋转并拔出，再从塞子另一端对准原来的钻孔位置垂直钻入，便可得良好的钻孔。

(23) 塞子塞入瓶口的部分不能少于本身高度 1/2，也不能多于 2/3。如太浅则塞不紧，太深则塞子不易拔出。

(24) 导管插入塞子或橡皮管时，要握住靠近塞孔或橡皮管一端约 2～3 cm 处且旋转插入，以免玻璃管被折断。

(25) 滴定管装标准溶液前应用洗液、自来水、蒸馏水洗涤后，再用标准液荡洗 2～3 次。装标准液时应使液面超过刻度 "0" 以上约 2～3 cm。滴定夹应夹在距管口 1/3 处，下端伸入锥形瓶内 1 cm 处，以便于操作和观察。滴定中读数前应等 1 min～2 min，使附着在内壁上的溶液尽可能地流下来，否则读数不准。

(26) 用排气法收集气体时，导管应插入距集气瓶瓶底 1～2 cm 处，以便于排除瓶内空气，提高所收集气体的纯度。

（27）指示剂一般用量为在每 25～50 mL 样品的溶液中加 1～2 滴，以减少损耗。

（28）配制王水时，浓硝酸和浓盐酸的体积比为 1∶3。

（29）制取 CH_4 时，无水醋酸钠与碱石灰的大致体积用量为 1∶3。

（30）制取乙烯时，酒精与浓盐酸的体积比为 1∶3。

（31）制取氧气时，氯酸钾与二氧化锰的质量比为 3∶1。

（32）普通滴管每 20 滴约 1 mL，毛细滴管每 50 滴约 1 mL。

1.8　实验室事故处理与急救

1.8.1　事故处理

如果由于各种原因而发生事故，应立即紧急处理。

（1）烫伤。发生在现场时，若Ⅰ°烫伤者，用凉水冲洗后，在烫伤处擦上苦味酸溶液或用弱碱性溶液涂擦，再涂上烫伤膏、万花油、凡士林油等；若浅Ⅱ°烫伤水泡较大者，首先用凉水冲洗后立即用 1∶2 000 新洁尔灭溶液消毒，在无菌条件下抽液，如果水泡已破者，也要用上述方法消毒，然后敷盖较厚的棉纱布加以包扎即可。（Ⅰ°烫伤者，伤及表皮发红疼痛，但不起水泡；Ⅱ°烫伤者，伤及真皮可起水泡；Ⅱ°以上烫伤或烫伤面积较大者，除现场急救外，应立即送医院治疗）。

（2）强酸腐蚀性烧伤。立即擦去酸滴，用大量水冲洗，并用 20 g/L 的碳酸氢钠溶液中和清洗；若酸滴溅入眼内，先用大量水冲洗，再立即送医院治疗。

（3）石炭酸腐蚀性烧伤。立即用低浓度酒精中和冲洗。

（4）强碱腐蚀性烧伤。强碱腐蚀性烧伤远比强酸腐蚀性烧伤严重，其特点是：烧伤组织边腐蚀边渗透，伤口很深，日后瘢痕较重，易发生残疾。现场急救时，立即用水较长时间地冲洗，并用 20 g/L 醋酸、2%饱和硼酸溶液或氯化钠溶液中和冲洗。若眼睛受伤或碱滴溅入眼内，则应在冲洗后立即送医院治疗。

（5）溴腐蚀伤。先用苯或甘油洗濯伤口，再用大量水冲洗。

（6）磷腐蚀伤。特点是：主要因高热作用于组织，伤处出现剧痛、水泡等症状，在夜间可见创面发光。在急救现场时，立即去除在表皮上的磷质，并用清水冲洗，然后用 4%碳酸氢钠溶液清洗，最后用 1%～5%硫酸铜溶液涂擦局部后再用该溶液浸泡纱布包扎伤口，使其与空气隔绝。

应当注意的是，禁忌使用含油类药物，因为含油类药物容易造成磷的加快吸收而引起磷中毒。

（7）吸入有毒或刺激性气体。事故现场应做到：如吸入氯气、氯化氢气体时，可吸入少量酒精和乙醚的混合蒸汽使之解毒；如吸入硫化氢气体而感到不适时，立即到室外呼吸新鲜空气(有条件者，给氧或高压氧仓治疗)。毒物若进入口内，将 $5\sim10$ mL 2% 稀硫酸铜加入一杯温水中，内服后，用手指伸入咽喉部，催吐，然后立即送医院。

(8) 触电。立即切断电源，对呼吸、心跳骤停者，立即进行人工呼吸和心脏按压。

(9) 起火。根据起火原因立即灭火。一般的小火可用湿布或细沙土覆盖灭火；火势大时使用泡沫灭火器；如果是电器设备起火，应立即切断电源，并用四氯化碳、干粉灭火器灭火，选择灭火器要适宜；如果是有机试剂着火，切不可用水灭火；实验人员衣服着火，切勿乱跑，赶快脱下衣服或就地卧倒滚打，也可起到灭火的作用；反应器皿内着火，可用石棉板盖住瓶口，火即熄灭；油类物质着火，要用沙或使用适宜的灭火器灭火。

(10) 创伤。实验室内发生创伤多为玻璃割伤造成。若伤口比较浅，用生理盐水冲洗后加以消毒，然后贴上创可贴即可；若伤口比较深、出血比较多者，先行包扎止血，然后清理创口；伤口内若有玻璃碎片，尽量清理干净，然后消毒、再在伤口上部约 10 cm 处用纱布扎紧，减慢流血，压迫止血，并随即到医院就诊。

(11) 苯中毒。中毒原因主要是由呼吸吸入苯蒸汽所造成，苯对中枢神经系统、造血器官有较强的毒性作用，主要表现为全身无力、头晕、眼花、恶心、呕吐、鼻出血，严重者呼吸困难、血压下降，昏迷抽搐。急救措施是，迅速将患者移到空气新鲜、通风的良好环境，脱去污染的衣服，给予氧气的吸入，必要时进行人工呼吸。

(12) 有机磷中毒。有机磷毒物是目前已知毒物中毒性最强的一类，通常经呼吸道、皮肤粘膜和消化道等途径迅速引起中毒。因此，必须争分夺秒地对中毒者进行急救。经口服中毒者，应立即实施催吐、洗胃、导泻，并应用解毒剂阿托品和解磷啶等。

1.8.2 急救原则

(1) 消除毒物，防止吸收；对呼吸道吸入中毒者，立即将病人移到空气新鲜处，必要时吸入氧气。

(2) 经皮肤粘膜中毒者，脱去污染的衣服和鞋帽、手套等；皮肤粘膜污染的部位用肥皂水或 1%~2% 的碱性液体清洗(敌百虫中毒者禁用碱性液)。眼睛被污染者，首先用 1%~2% 的碱性液体冲洗，然后点一滴 1% 的阿托品。

(3) 经口服中毒者，立即催吐、洗胃、导泻，应用解毒剂。

(4) 化学实验三预防：①爆炸的预防；②中毒的预防；③触电的预防。

(5) 伤势较重着，立即送医院治疗。

 小资料 实验室备用急救药箱

为了对实验室内意外事故进行紧急处理，每个实验室内都准备一个急救药箱。

药箱内常备药品

红药水	獾油或烫伤膏
碘酒(3%)或碘酊	饱和碳酸钠溶液
饱和硼酸溶液	高锰酸钾晶体（用时再配成溶液）
消炎粉	甘油
醋酸溶液(2%)	氨水(5%)
硫酸铜(1%～5%)	三氯化铁(止血剂)
创可贴	新洁尔灭
医用酒精(70%～75%)	解磷啶

药箱内常备器具物品

消毒纱布、消毒棉(均放在磨口玻璃瓶)

剪刀	氧化锌
橡皮膏	棉花棍
止血带	绷带
无菌镊子	

1.9　学习方法

1. 化学实验学习方法

化学实验学习方法可分 3 个步骤。

1）预习

实验前必须预习，这样做能在实验中获得良好的效果。

- 阅读实验教材、教科书和参考资料中的有关内容；
- 明确本实验内容、步骤、操作过程和实验目的及应注意的地方；
- 在预习的基础上，做好笔记。

2）实验

规定规范，操作认真，观察仔细，勤于思考，分析准确，详细记录，不出事故，达到"三会"（会写、会读、会用）。

3）实验报告

做完实验后应对实验现象进行解释并作出结论，或根据实验数据进行处理和计算。按实验报告的要求写好，不得草率、敷衍。

2. 学习方法的重要作用

学不得法，往往导致事倍功半，甚至劳而无功。如果不掌握正确的学习方法，将难以克服学习中遇到的困难，不能进入主动、自觉学习的境界，而是被动地进行机械学习或呆读死记的状况。比如，不重视结合实验事实（或实物）来观察、识记，或者背"顺口溜"（韵语），势必难以形成科学的观念和概念，难以真正牢固地、融会贯通地掌握物质的性质和基本概念，不理解物质之间的联系。

学习得法，往往收到触类旁通、举一反三的功效，一经形成，将会由"学会"到"会学"的根本转变。

我国教育家徐特立曾明确指出："怎样学习，是整个科学方法问题。"学习方法正是学生学习运用科学方法来获得知识、培养能力的手段和途径。学习方法是使学生的智能发展与学习情境紧密结合的一条纽带。从化学学科来说，学习方法体系（纽带）是：预习→听讲→做实验→记笔记→完成作业→复习（"复习是学习之母"）。

1.10 实验室规则及基本操作理论水平测试

一、填空题

1. 实验前必须认真预习，明确_____，弄清_____、_____、_____及安全注意事项。

2. 进实验室必须穿_____。

3. 实验台上的仪器、药品应摆放_____。公用仪器和药品用毕，随时放回_____；取用试剂时应注意滴管、移液管不可_____，以免药品、试剂被污染；要求回收的试剂应放入指定_____中。

4. 废纸、火柴梗等杂物应抛入_____内，水槽应保持_____。

5. 有毒或有恶臭气体的实验，应在_____进行。使用易燃、易爆试剂一定要远离_____。

6. 稀释浓硫酸时，应将_____慢慢注入_____中，且不断搅拌，切勿将_____注入_____中，以免出现局部过热使浓硫酸溅出引起烧伤。

7. 嗅闻气体的气味时，要_____闻。

8. 在实验室饮食及随意混合各种化学药品的行为是绝对_____的。

9. 玻璃仪器洗净的标志是，洗涤后器皿内壁只附着一层_____，不挂_____。

10. 带有刻度的计量仪器急需干燥时，可用_____荡洗后晾干。

11. 浓硫酸不小心溅到皮肤上，应立即_____，用_____冲洗，并用_____清洗，再立即送医院治疗。

12. 使用酒精灯时，酒精的体积不能少于酒精灯容积的_____，不超过容积的_____，绝对不允许向_____的酒精灯中添加酒精，以免发生危险。

13. 用试管加热液体，液体的量不能超过试管总容量的_____，试管可直接放在火焰上加热，试管与桌面呈_____，试管口不能对着_____。

14. 加热试管内的固体时，必须使试管口稍微向下倾斜，原因是_____
_____。

15. 取粉末或小颗粒的药品，要用洁净的_____；取块状药品或金属颗粒，要用洁净的夹取。往试管里装粉末状药品时，为了避免药粉沾在试管口和管壁上，可用_____将试剂平放入试管底部，然后竖直。

16. 滴管吸取液体后，滴管不能_____接受容器中，以免接触器壁而污染药品，更不能_____到其他液体中，装有药品的滴管不能_____或管口_____斜放，以免药品流入滴管的胶头中，引起药品变质。

17. 读取量筒内液体体积的数据时，量筒必须放_____，且使视线与量筒内液体的_____保持在一个水平。

18. 托盘天平称量前必须调_____。称量时，左托盘放_____，右托盘放_____。药品不能直接放在_____，加砝码时，应先加质量_____的后加质量_____的。称量完毕，应将砝码放回_____中，游码移至_____处，天平的两个托盘重叠后，放在天平的_____侧。

19. 过滤是把_____和_____分离的操作。

20. 滴定过程中_____手控制滴定管的旋塞，眼睛注视_____的变化。

二、选择题

1. 下列仪器中不允许用酒精灯加热的是（   ）
   A. 表面皿　　　　　　　　　　B. 圆底烧瓶
   C. 烧杯　　　　　　　　　　　D. 蒸发皿

2. 仪器中盛放反应液的量不正确的是（   ）
   A. 液体体积不超过烧杯容积的1/3　　B. 液体体积不超过蒸发皿高度的2/3
   C. 液体体积不超过试管高度的1/2　　D. 液体体积不超过烧杯容量的2/3

3. 下列实验操作中正确的是（   ）
   A. 称量固体烧碱必须在托盘上垫纸片
   B. 振荡试管应三指捏，腕动臂不摇
   C. 读取量筒中液体体积时，视线应与液面保持水平
   D. 使用移液管时，应右手拿洗耳球，左手拿移液管

4. 下列有关使用托盘天平的叙述不正确的是（   ）
   A. 托盘天平称量前，先调节托盘天平的零点
   B. 称量时左托盘放被称物，右托盘放砝码
   C. 潮湿的或具有腐蚀性的药品必须放在玻璃器皿中称量，其他固体药品可直接放在

托盘上称量

  D. 用托盘天平可以准确到 0.01 g

  E. 称量完毕，应将砝码放回砝码盒中

5. 玻璃器皿的洗涤可用 ①自来水 ②蒸馏水 ③洗液 ④测定液，洗涤容量瓶应正确地选用洗涤液和洗涤过程的顺序是（　　）

  A. ③①②④　　　　　　　　　　B. ①②④

  C. ①②　　　　　　　　　　　　D. ③②④

6. 使用下列仪器前必须检查活塞、盖、瓶塞不漏水的是（　　）

  ① 滴定管　② 容量瓶　③ 滴瓶　④ 移液管　⑤ 胶头滴管

  A. 仅①　　　　　　　　　　　　B. 仅④⑤

  C. 仅①②　　　　　　　　　　　D. 仅①②③④⑤

7. 正确量取 25.00 mL $KMnO_4$ 溶液，可选用的仪器是（　　）

  A. 50 mL 量筒　　　　　　　　　B. 50 mL 碱式滴定管

  C. 50 mL 酸式滴定管　　　　　　D. 50 mL 容量瓶

8. 实验中，取用的试剂未用完时应该（　　）

  A. 弃去　　　　　　　　　　　　B. 倒回原瓶

  C. 放在指定容器中　　　　　　　D. 自行处理

三、简答题

1. 实验完毕，离开实验室之前应注意哪些问题？

2. 过滤时"一角二低三紧靠"的含义是什么？

3. 使用胶头滴管时应注意什么？

4. 能否在量筒中稀释浓硫酸？为什么？

5. 酒精灯长时间使用会出现什么后果？

6. 硝酸银滴定液应装入酸式滴定管还是碱式滴定管？为什么？

7. 你能用实验证明 $KClO_3$ 里含有氯元素和氧元素吗？

8. 称量时下列操作是否正确，为什么？

（1）猛烈打开天平升降枢纽。

（2）未关升降枢就加砝码或取放称量物。

（3）称量时，边门打开。

（4）称量前，未调零点。

（5）某同学用分析天平称某物体，得出的一组数据（单位:g）为

      1.210 1.210 00 1.210 0

你认为哪个数值是合理的，为什么？

9. 在切割玻璃管（棒）及往塞子内插入玻璃管等操作中，怎样防止割伤或刺伤皮肤？

10. 烤干试管时为什么管口要略向下倾斜？

第二部分

实验内容

第2章　无机化学部分

实验一　溶液的配制

一、实验目的

（1）熟悉溶液浓度的计算，并掌握一定浓度溶液的配制方法和基本操作。

（2）学习台秤、量筒、吸管、容量瓶的使用方法。

（3）学会取用固体试剂及倾倒液体试剂的方法。

二、实验原理

在配制溶液时，根据所配制溶液的浓度和体积来计算所需溶质的质量。溶质如果是不含结晶水的纯物质，则计算比较简单；如果是含有结晶水的纯物质，计算时一定要把结晶水计算在内。

1. 质量分数浓度溶液的配制

溶液的质量浓度是指1升溶液中所含溶质的克数。一般不常用 m/V，常用 m/m 或 V/V 在配制此种溶液时，如需要配制溶液的体积和质量浓度已知，就可计算出所需溶质的克数。然后用台秤称出所需固体试剂克数的溶质，再将溶质溶解并加水至需要的体积。如用已知质量的溶质配制一定质量浓度的溶液，则须先计算出所配溶液的体积，然后按上述方法配制溶液（注意放热反应所需量器范围）。将配成溶液倒入试剂瓶里，贴上标签，备用。

2. 物质的量浓度溶液的配制

溶液的物质的量浓度是指1升溶液中所含溶质的物质的量。在配制此种溶液时，首先要根据所需浓度和配制总体积，正确计算出溶质的物质的量（包括结晶水），再通过摩尔质量计算出所需溶质的质量。整个过程可分粗略配制和准确配制两种。

3. 溶液的稀释

在溶液稀释时需要掌握的一个原则是：稀释前后溶液中溶质的量不变。根据浓溶液的浓度和体积与所要配制的稀溶液的浓度和体积，利用稀释公式 $c_1V_1 = c_2V_2$ 或十字交叉法，计算出浓溶液所需量并量出，然后加水稀释至一定体积。

对于易水解的固体试剂，如 $SnCl_2$、$FeCl_3$、$Bi(NO_3)_3$ 等，在配制其水溶液时，应称取一定量的固体试剂于烧杯中，然后加入适量一定浓度的相应酸液，使其溶解，再以蒸馏水稀释至所需体积，搅拌均匀后转移至试剂瓶中。

一些见光易分解或容易发生氧化还原反应的溶液，要防止在保存期间失效，最好配好后就用，不要久存。另外，常在贮存的 Sn^{2+} 及 Fe^{2+} 的溶液中放入一些锡粒和铁屑，以避免 Sn^{2+} 和 Fe^{2+} 被氧化后产生 Sn^{4+} 及 Fe^{3+}。$AgNO_3$、$KMnO_4$、KI 等溶液如需短时间贮存，应存于干净的棕色瓶中。

三、实验用品

(1) 仪器　台秤、100 mL 量筒、10 mL 量筒、100 mL 烧杯、容量瓶、吸量管、玻璃棒、125 mL 细口试剂瓶、药匙、毛刷。

(2) 药品　浓盐酸(37％，比重 1.19 g/cm³)、固体 NaOH、固体 NaCl、95％酒精。

四、实验内容

1. 配制 80 mL 9 g/L 的 NaCl 溶液

计算出为制备该溶液 80 mL 所需 NaCl 的质量，并用台秤称出。将称得的 NaCl 放于 100 mL烧杯内，用少量水将其溶解，溶解液倒入 100 mL 量筒中。再将烧杯用少量蒸馏水冲洗，冲洗液也一并倒入 100 mL 量筒中，然后加水稀释至 80 mL，搅匀即得。经检查后，将此溶液倒入实验室统一的回收瓶中。

2. 100 mL 0.1 mol/L NaOH 溶液的配制

计算配制 0.1 mol/L NaOH 溶液 100 mL 所需固体 NaOH 的质量。取一干燥的小烧杯，用台秤称其质量后，加入固体 NaOH，迅速称出所需 NaOH 的质量。用 100 mL 水使杯内固体 NaOH 溶解，放冷后定量再倒入具有橡皮塞的 125 mL 细口试剂瓶内保存。贴上标签，备用。

3. 100 mL 0.1 mol/L HCl 溶液的配制

计算出浓盐酸的物质的量浓度和配制 0.1 mol/L HCl 溶液 100 mL 所需浓 HCl 的体积，用小量筒量取所需浓盐酸，倒入 200 mL 烧杯中；再加水稀释至 100 mL，混合均匀。经教师检查后，将此溶液倒入实验室统一的回收瓶中。

4. 50 mL 75％酒精的配制

准备好体积分数为 95％的浓酒精，并计算出为配制 75％酒精溶液 50 mL 所需浓酒精的体积。用 50 mL 量筒量取所需 95％酒精。粗配也可用量筒直接加水，再移至 50 mL 容量瓶中，稀释至刻度，混均。经教师检查后倒入统一的回收瓶内。

五、课堂练习

(1) 配制 50 mL 2 mol/L 氢氧化钠溶液。
(2) 用硫酸铜晶体配制 50 mL 0.5 mol/L 硫酸铜溶液。
(3) 配制 100 mL 0.050 0 mol/L 草酸标准溶液(留作酸碱滴定实验用)。
(4) 用已知浓度为 2.00 mol/L 的醋酸溶液配制 50 mL 0.20 mol/L 的醋酸溶液。

六、思考题

(1) 为什么在倾倒试剂时瓶塞要翻放在桌上或拿在手中?
(2) 用固体 NaOH 配制溶液时为什么最初不在量筒中配制?
(3) 用浓硫酸配制一定浓度的稀溶液,应注意什么问题?
(4) 用容量瓶配制溶液时,要不要先把容量瓶干燥?要不要用被稀释溶液洗三遍?为什么?
(5) 怎样洗涤吸管?水洗净后的吸管在使用前还要用吸取的溶液来洗涤,为什么?

实验二　胶体和吸附

一、实验目的

(1) 练习胶体溶液的制备,会用凝聚法操作,试验胶体的性质。
(2) 观察胶体的聚沉,会进行高分子化合物对胶体的保护作用的实验操作。
(3) 观察活性炭的吸附作用。

二、实验原理

胶体不是一种特殊的物质,仅是物质存在的一种形式,任何物质只要用适当方法处理,皆可成为胶体。

胶体分散相的直径在 1～100 nm,固体分散相分散在互不相溶的液体介质中所形成的胶体称为溶胶。溶胶可以通过改变溶剂或利用化学反应的方法制备。在暗室中,将一束聚焦的光通过胶体,在与光线垂直的方向可观察到一个发亮的光柱,这个现象是 1869 年由英国物理学家丁铎尔所发现,故称为丁铎尔现象。由此现象可以从物质分散度的角度来区分三类分散系,溶胶是高度分散的不均匀体系,其胶体粒子的大小足以使射到它上面的光线产生散射(可见光波长为 400～760 nm，胶体粒子直径小于入射光波长时，粒子就产生散射)，即胶体粒子本身似乎成了发光点而形成乳光。由于真溶液中粒子太小(直径<1 nm)，所以散射光很微弱，以至于看不到。因此，实验中可以用丁铎尔现象来区别真溶液和胶体溶液。溶胶表面能又很大，易吸附与其组成相同的离子而带上电荷，带电胶粒在电场中定向移动的现象称为电泳，由电泳的方向可判断胶粒所带的电荷。

溶胶稳定的主要因素是胶粒带电和水化膜的存在，稳定因素一旦受到破坏，胶体将聚沉。聚沉的常用方法有：①加少量电解质；②加带相反电荷的胶体；③加热。与胶粒带相反电荷的离子称为反离子，反离子的价数越高，聚沉能力越强。要使胶体长期稳定存在，可以加入足够量的高分子化合物保护胶体。

活性炭是一种疏松多孔、具有很大的表面积且难溶于水的黑色粉末。它具有很大的吸附作用，可用来吸附各种色素、毒素，可作防毒面具中毒气的吸附剂，也可作为急性肠炎和某些口服药物中毒时的解毒剂。

三、实验用品

(1) 仪器　试管、试管夹、酒精灯、玻璃棒、小烧杯、电泳仪。

(2) 药品　活性炭，品红溶液，硫化砷胶体，明胶溶液，硫的无水乙醇饱和溶液，1 mol/L 的溶液：$FeCl_3$、$NaCl$、$CaCl_2$、$AlCl_3$、Na_2SO_4、$AgNO_3$，0.01 mol/L 的溶液：K_2CrO_4、$Pb(NO_3)_2$。

四、实验内容

1. 胶体的制备

方法有两种：一是分散法，二是凝聚法。

(1) 取试管 1 支，加入 2 mL 蒸馏水，逐滴加入硫的无水乙醇饱和溶液 3～4 滴，并不断振荡，观察硫溶胶的生成。

(2) 在洁净的小烧杯中加入 20 mL 蒸馏水，加热至沸，在搅拌下连续滴加。1 mol/L 三氯化铁溶液 1 mL，继续煮沸 2 min，使 $FeCl_3$ 水解生成透明的红棕色 $Fe(OH)_3$ 胶体溶液，立即将烧杯离开热源。

2. 胶体溶液的聚沉

1) 加入少量电解质

(1) 取试管 3 支，分别加入硫化砷胶体溶液各 1 mL，分别滴加 1 mol/L 的 $NaCl$、$CaCl_2$、$AlCl_3$ 溶液，直到聚沉现象出现为止。比较 3 支试管中溶胶聚沉所需的电解质的数量与阳离子电荷的关系，并说明原因，有何现象？

(2) 取试管 2 支，各加入自制的氢氧化铁溶胶 1 mL，分别滴加 2～3 滴 1 mol/L

$CaCl_2$、Na_2SO_4 溶液。比较两试管中溶胶聚沉的快慢和颗粒的大小，并说明原因，有何现象？

（3）取试管 2 支，1 支试管里加入自制的氢氧化铁溶胶 1 mL，滴加 1 mol/L NaCl 溶液至溶胶聚沉，记下加入 NaCl 溶液的滴数。另一支试管里加入明胶溶液 1 mL，逐滴加入同样滴数的 1 mol/L NaCl 溶液，观察现象，说明原因。

2）加入带相反电荷的胶体溶液

取试管 1 支，加入硫化砷溶胶溶液 1 mL 和氢氧化铁溶胶溶液 1 mL 混合，有何现象？为什么？

3）加热

取试管 1 支，加入 $Fe(OH)_3$ 胶体溶液 1 mL，加热至沸，有何现象？为什么？

3. 胶体的电泳

电泳可以在如图 2-1 所示的装置中进行，在 U 形管的下部放入自制的氢氧化铁胶体溶液，在胶体溶液上面仔细放入少许分散剂，使分散剂和胶体溶液之间保持清晰的界面。然后在分散剂中插入电极，接上直流电源后，可以看到 U 形管中一边的胶体界面下降，另一边的胶体界面上升。这说明胶体粒子向着某个电极移动，根据电泳的方向判断该溶胶是正溶胶还是负溶胶。

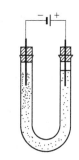

图 2-1　电泳现象

4. 高分子化合物对溶胶的保护作用

取试管 2 支，分别加入明胶溶液 1 mL 和蒸馏水 1 mL，各加氯化钠溶液 5 滴，摇匀后再各滴加硝酸银溶液 2 滴，振荡。观察两试管中的现象有何不同？为什么？

5. 活性炭的吸附作用

1）活性炭对品红的吸附

在 1 支试管中加入约 4 mL 品红溶液和一小药匙活性炭，振荡试管，静置后，观察上层清液颜色有何变化？试加以解释。

2）活性炭对铅离子的吸附

取 1 支试管加入蒸馏水约 3 mL，0.01 mol/L 的硝酸铅溶液 5 滴，再加 0.01 mol/L 铬酸钾溶液 5 滴，观察有何变化？写出化学反应方程式。

另取 1 支试管，也加入约 3 mL 的水、0.01 mol/L 硝酸铅溶液 5 滴和一小勺活性炭。振荡试管，然后过滤滤去活性炭。在清液中再加入了 5 滴 0.01 mol/L 铬酸钾溶液。观察有何变化？与未加活性炭的一试管相比较，有何不同？试解释之。

五、思考题

（1）制备 $Fe(OH)_3$ 溶胶时，怎样操作才能避免生成 $Fe(OH)_3$ 沉淀？

(2) 用实验的方法判断某一种胶体是正溶胶还是负溶胶。

(3) 哪些现象可以说明溶胶聚沉了？

(4) 活性炭能吸附色素和重金属离子，你还能举出活性炭在生活中吸附的实例吗？

实验三　化学反应速率和化学平衡

一、实验目的

(1) 了解化学反应速率(平均)的测定方法。

(2) 会进行浓度、温度、催化剂对化学反应速率的影响的实验操作。

(3) 掌握浓度、温度的变化是如何影响化学平衡的实验操作的。

二、实验原理

1. 过二硫酸铵与碘化钾反应的反应速率(平均)测定原理

1) 反应原理

在水溶液中，过二硫酸铵$(NH_4)_2S_2O_8$ 和碘化钾(KI)发生如下离子反应：

反应 1　　　　　　　　$S_2O_8^{2-} + 3I^- = 2SO_4^{2-} + I_3^-$

该反应的反应速率 $S_2O_8^{2-}$ 以浓度的变化来表示，即 $v = \left| \dfrac{\Delta c(S_2O_8^{2-})}{\Delta t} \right|$

其中 v 为 Δt 时间内该反应的平均速率。

2) 测定有关物质浓度的变化值

为测出反应在 Δt 时间内 $S_2O_8^{2-}$ 浓度的改变值 $\Delta S_2O_8^{2-}$，可在混合$(NH_4)_2S_2O_8$ 和 KI 溶液的同时，加入一定体积已知浓度的 $Na_2S_2O_3$ 和淀粉溶液。在反应(1)进行的同时，溶液中也发生了如下反应：

反应 2　　　　　　　　$2S_2O_3^{2-} + I_3^- = S_4O_6^{2-} + 3I^-$

由于反应(2)的速率比反应(1)快得多，因此反应(1)生成的 I_3^- 立即与 $S_2O_3^{2-}$ 反应，生成 I^- 和 $S_4O_6^{2-}$，虽然混合液中有淀粉存在，此时溶液仍为无色，一旦 $Na_2S_2O_3$ 耗尽，反应(1)生成的微量 I_3^- 就会立即与淀粉作用，使溶液呈蓝色，立即测出发生此变化所用的时间(Δt)。

3) 计算依据

从反应(1)和反应(2)中有关物质反应系数比可推知，在上述反应过程中，在相同时间内 $S_2O_8^{2-}$ 浓度减少量应为 $S_2O_3^-$ 浓度减少量的一半，即

$$\Delta c(S_2O_8^{2-})=\frac{\Delta c(S_2O_3^{2-})}{2}$$

其中，$\Delta c(S_2O_3^{2-})$ 等于 $Na_2S_2O_3$ 的起始浓度，因为溶液出现蓝色，就表明 $S_2O_3^{2-}$ 几乎耗尽。

因此不需要测出 $S_2O_8^{2-}$ 的浓度变化，就可直接依下式计算该反应的反应速率：（平均）：

$$v=\left|\frac{\Delta c(S_2O_8^{2-})}{\Delta t}\right|=\left|\frac{\Delta c(S_2O_3^{2-})}{2\Delta t}\right|$$

2. 外界条件影响化学平衡的有关化学反应

在其他条件不变的情况，①增大反应物的浓度或减小生成物的浓度，都可以使化学平衡向着正反应方向移动；反之，平衡向着逆反应方向移动。②温度升高，会使化学平衡向着吸热反应方向移动；温度降低，会使化学平衡向着放热反应方向移动。

$$FeCl_3+6KSCN \rightleftharpoons \underset{(\text{血红色})}{K_3[Fe(SCN)_6]}+3KCl$$

$$\underset{(\text{红棕色})}{2NO_2} \rightleftharpoons \underset{(\text{无色})}{N_2O_4}+Q$$

三、实验用品

(1) 仪器　大试管、烧杯(100 mL、150 mL)、量筒(10 mL、100 mL)、二氧化氮平衡仪、温度计、酒精灯、热水浴、铁架台、秒表。

(2) 药品　0.2 mol/L $(NH_4)_2S_2O_8$ 溶液、0.2 mol/L KI 溶液、0.01 mol/L $Na_2S_2O_3$ 溶液、0.2％淀粉溶液、0.2 mol/L KNO_3 溶液、1 mol/L $FeCl_3$ 溶液、1 mol/L KSCN 溶液、KCl 晶体、冰块。

四、实验内容

1. 测定过二硫酸铵与碘化钾反应的反应速率

在室温下，按表 2-1 的实验序号 1 用量，先用①、②、③号 3 个量筒分别量取 20 mL 0.20 mol/L KI 溶液，8.0 mL 0.01 mol/L $Na_2S_2O_3$ 溶液和 4.0 mL 0.2％淀粉溶液，将上述 3 种溶液都倒入 150 mL 洁净干燥的烧杯中，搅拌均匀。再用④号量筒量取 20 mL 0.20 mol/L $(NH_4)_2S_2O_8$ 溶液，迅速倒入上述盛有混合溶液的烧杯中，同时按动秒表，不断搅拌，仔细观察。当溶液刚出现蓝色时，立即按停秒表，记录反应时间，计算出该反应的反应速率，填写表 2-1 中。

表 2-1　化学反应速率的测定及浓度对化学反应速率的影响

反应温度/℃		实验序号的用量/mL		
实验序号		1	2	3
试剂及用量	0.20 mol/L KI 溶液	20	10	5
	0.01 mol/L Na$_2$S$_2$O$_3$ 溶液	8.0	8.0	8.0
	0.2%淀粉溶液	4.0	4.0	4.0
	0.20 mol/L KNO$_3$ 溶液	0	10	15
	0.20 mol/L(NH$_4$)$_2$S$_2$O$_8$ 溶液	20	20	20
计算起始浓度 (1 mol/L)	KI 溶液			
	Na$_2$S$_2$O$_3$ 溶液			
	(NH$_4$)$_2$S$_2$O$_8$ 溶液			
记录反应时间 Δt/s				
记录 ΔS$_2$O$_3^{2-}$ 值				
记录 ΔS$_2$O$_8^{2-}$ 值				
计算反应的平均速率 $$v=\left|\frac{\Delta c(\mathrm{S_2O_8^{2-}})}{\Delta t}\right|$$				

2. 影响化学反应速率的主要因素

1）浓度对化学反应速率的影响

按前面所述的方法和所用的量具，按表 2-1 实验序号为 2、3 中所示的用量，分别再进行两次同样类型的实验，（其中加入 KNO$_3$ 溶液是为了使每次实验中溶液的离子强度和总体积保持不变），摇匀，将结果填入表 2-1 中，比较实验 1、2、3 的结果，可得出结论：_____。

2）温度对化学反应速率的影响

按表 2-1 实验序号 2 中的用量，在 1 支大试管中加入 KI、Na$_2$S$_2$O$_3$、淀粉和 KNO$_3$ 溶液，在另 1 支大试管中加入(NH$_4$)$_2$S$_2$O$_8$ 溶液，然后将两支大试管同时放在热水浴中加热。当温度达到高于室温 10 ℃左右时，迅速将(NH$_4$)$_2$S$_2$O$_8$ 溶液倒入 KI 的混合溶液中，立即用秒表记时并不断搅动，当溶液刚出现蓝色时，按停秒表，记录反应的时间。

利用热水浴在高于室温 20 ℃左右条件下，将上述实验重复 1 次，记录反应时间。计算并比较实验序号 2 在室温、室温＋10 ℃、室温＋20 ℃条件下的反应速率，可得出结论：_____。

3）催化剂对化学反应速率的影响

按表 2-1 实验序号 2 中的用量，将 KI、Na$_2$S$_2$O$_3$、KNO$_3$ 和淀粉溶液加入到 150 mL 烧杯中，另加入两滴 0.02 mol/L Cu(NO$_3$)$_2$ 溶液，搅匀后迅速加入(NH$_4$)$_2$S$_2$O$_8$ 溶液，立即按

下秒表，不断搅动，溶液刚出现蓝色即按停秒表，记录反应时间。计算出此时的反应速率并与实验序号 2 的反应速率比较，可得出结论：＿＿＿＿＿＿＿＿＿＿＿＿＿＿＿＿＿＿＿。

3. 影响化学反应平衡的主要因素

1）浓度对化学反应平衡的影响

在小烧杯中加入蒸馏水 25 mL，向其中滴入两滴 1 mol/L $FeCl_3$ 溶液和两滴 1 mol/L KSCN 溶液，混合均匀，溶液呈血红色。用吸量管将溶液分别转入标号为①～④的 4 支试管中，按表 2-2 规定的要求分别加入一定量有关物质，充分摇匀后，比较 4 支试管中溶液颜色的变化。

表 2-2　溶液颜色的变化一览表

试 管 编 号	加 1 mol/L $FeCl_3$ 溶液	加 1 mol/L KSCN 溶液	加入 KCl 晶体	颜 色 变 化
①	2 d	0	0	
②	0	2 d	0	
③	0	0	少许	
④	0	0	0	

实验结果表明：＿＿＿＿＿＿＿＿＿＿＿＿＿＿＿＿＿＿＿＿＿＿＿。

2）温度对化学反应平衡的影响

将二氧化氮平衡仪一边的烧瓶放进盛有热水的烧杯中，另一边的烧瓶放进盛有冰水的烧杯中，比较两个烧瓶中气体的颜色变化情况。也可用两支带塞的大试管，里面装有 NO_2 与 N_2O_4 的平衡混合气体，分别按上述温度条件进行操作，比较两支试管中颜色的变化。

以上变化说明：＿＿＿＿＿＿＿＿＿＿＿＿＿＿＿＿＿＿＿＿＿＿＿。

五、实验说明

（1）实验中试管要干净，以免试管中的杂质对过氧化物起催化作用，还要注意少加 MnO_2，否则因量过多，使反应剧烈不利于控制分解速率，导致液体冲出试管。（过氧化物有腐蚀性，使用时要小心！）

（2）由于颜色变化是凭视觉观察的，因此在操作时在试管背后应衬白纸，以便观察。实验中所用的 $FeCl_3$ 溶液和 KSCN 溶液的浓度宜小些。

（3）因为 NO_2 有毒，因此要注意实验装置的气密性。

六、思考题

（1）在浓度对化学反应速率影响的实验中，加入 KNO_3 溶液的主要作用是什么？能否用蒸馏水代替?

(2) 在浓度、温度对化学反应速率影响的实验中，$Na_2S_2O_3$ 的用量过多或过少，对实验结果有何影响?

实验四　缓　冲　溶　液

一、实验目的

(1) 掌握缓冲溶液的配制原则，并学会实验操作方法。
(2) 熟悉缓冲溶液的缓冲作用。
(3) 熟悉酸度计、刻度吸管量、吸耳球等仪器的使用方法。

二、实验原理

缓冲溶液具有抵抗外来少量酸、碱或稀释，而保持其本身 pH 基本不变的能力。缓冲溶液由缓冲对组成，其中共轭酸是抗碱成分，共轭碱是抗酸成分，缓冲溶液的 pH 可通过亨德森-哈塞尔巴赫方程计算。

$$pH = pKa + lg\frac{[B^-]}{[HB]}$$

在配置缓冲溶液时，若使用相同浓度的抗碱成分和抗酸成分，则它们的缓冲比等于体积比。

$$pH = pKa + lg\left[\frac{v_{B^-}}{v_{HB}}\right]$$

配置一定 pH 的缓冲溶液的原则：选择合适的缓冲系，使缓冲系共轭酸的 pKa 尽可与所配缓冲溶液的 pH 相等或接近，以保证缓冲系在总浓度一定时，具有较大的缓冲能力。配置缓冲溶液要有适当的总浓度，一般情况下，缓冲溶液的总浓度宜选在 0.05～0.2 mol/L 之间。按上面简化公式计算出 v_{B^-} 和 v_{HB} 的体积并进行配制。

为保证配制的准确度，可用 pH 进行测定和校正。

三、实验用品

(1) 仪器　酸度计，烧杯(100 mL 2 个、50 mL 6 个)，吸量管(10 mL、20 mL 各 2 支)，试管(15 mm×150 mm 6 支)，碱式滴定管(50 mL)，胶头滴管，量筒(5 mL)，洗耳球。

（2）药品　0.10 mol/L NaOH，2 mol/L KH$_2$PO$_4$，混合指示剂*，0.10 mol/L 的溶液：HAc、NaAc、NaOH、HCl，0.20 mol/L的溶液：Na$_2$HPO$_4$、KH$_2$PO$_4$。

四、实验内容

1. 缓冲溶液的配制

（1）计算配制 80 mL pH＝4.60 的缓冲溶液需要 0.1 mol/L HAc 溶液和0.1 mol/L NaAc 溶液的体积。（已知 HAc 的 pK$_a$＝4.75）。根据计算出的用量，用吸量管吸取两种溶液置于 100 mL 烧杯中，混匀，用酸度计测定其 pH。若 pH 不等于 4.60，可用几滴 0.01 mol/L NaOH 或 0.1 mol/L NaAc 溶液调节使溶液的 pH 为 4.60 后，备用。（用 A 表示此缓冲溶液）

（2）计算配制 pH＝7.45 的缓冲溶液 80 mL 需要 0.2 mol/L Na$_2$HPO$_4$ 和0.2 mol/L KH$_2$PO$_4$溶液的体积。（H$_3$PO$_4$ 的 pKa_2＝7.21）。根据计算用量，用碱式滴定管放取 Na$_2$HPO$_4$ 溶液，用吸量管吸取 KH$_2$PO$_4$ 溶液置于 100 mL 烧杯中，混匀，用酸度记测定其 pH。若 pH 不等于 7.45，用几滴 0.01 mol/L NaOH 或 2 mol/L KH$_2$PO$_4$溶液调节至 7.45 后，备用。（用 B 表示此缓冲溶液）

2. 缓冲溶液的性质

1）缓冲溶液的抗酸、抗碱作用

按表 2-3 所列的顺序，做如下实验。把所观察到的现象和测定结果记入报告中，并解释产生各种现象的原因。

表 2-3　实验现象与数据记录

烧　杯　号	缓冲溶液＋指示剂用量	加强酸或强碱量	颜 色 变 化	pH
A	80 mL 缓冲溶液	—	—	
A$_1$	30 mL＋(1～2 d)混合指示剂	0.10 mol/L HCl 5 d		
A$_2$	30 mL＋(1～2 d)混合指示剂	0.10 mol/L NaOH 5 d		
B	80 mL 缓冲溶液	—	—	
B$_1$	30 mL＋(1～2 d)混合指示剂	0.10 mol/L HCl 5 d		
B$_2$	30 mL＋(1～2 d)混合指示剂	0.10 mol/L NaOH 5 d		

2）缓冲溶液的稀释

按表 2-4 所列的顺序，做如下实验。用把所观察到的现象记入报告中，并解释产生各

* 混合指示剂配制：称取甲基黄 300 mg、甲基红 100 mg、酚酞 100 mg、麝香草酚蓝 500 mg、溴麝香草酚蓝 400 mg 混合溶于 500 mL 酒精中，逐滴加入 0.10 mol/L NaOH 溶液，直至溶液呈橙黄色即可。

种现象的原因。

表 2-4　实验现象与数据记录

试 管 号	取缓冲溶液+蒸馏水量	混合指示剂用量	颜色变化	备 注
1	取 A 液 4 mL+1 mL H_2O	1 d		
2	取 A 液 3 mL+2 mL H_2O	1 d		
3	取 A 液 1 mL+4 mL H_2O	1 d		
1′	取 B 液 4 mL+1 mL H_2O	1 d		
2′	取 B 液 3 mL+2 mL H_2O	1 d		
3′	取 B 液 1 mL+4 mL H_2O	1 d		

五、思考题

(1) 如果同样程度地增加共轭酸和共轭碱的浓度，是否可以改变溶液的 pH？为什么？

(2) 如果要配制 pH=3 和 pH=10 左右的缓冲溶液，应分别选择以下哪一组共轭酸碱对较为合适？

① 甲酸和甲酸钠，$K_a=1.8\times10^{-4}$；

② 氨水和氯化铵，$K_b=1.76\times10^{-5}$；

③ 醋酸和醋酸钠，$K_c=1.76\times10^{-5}$。

实验五　氧化还原反应

一、实验目的

(1) 了解几种常见的氧化剂和还原剂，进行氧化剂和还原剂之间的实验，观察反应的生成物。

(2) 比较氧化剂高锰酸钾在酸性、碱性和中性溶液中的氧化性，观察反应的生成物。

二、实验原理

氧化还原反应的实质是反应物之间发生了电子转移或偏移。氧化剂在反应中得到电子，所以有较高氧化数的化合物，如：高锰酸钾、重铬酸钾、浓硝酸、浓硫酸等都是氧化剂；还原剂在反应中失去电子，所以有较低氧化数的化合物，如：碘化钾、硫酸亚铁、亚硫酸钠、氯化亚锡等都是还原剂。许多氧化剂、还原剂在不同的 pH 溶液中电极电势发生变化，氧化还原能力不同，氧化还原产物也不同。

三、实验用品

（1）仪器　试管，试管架，角匙，酒精灯，试管夹，烧杯。
（2）药品　铜片，$FeSO_4$，浓 HNO_3，浓 H_2SO_4，0.01 mol/L NH_4SCN 溶液，0.05 mol/L Na_2SO_3 溶液，0.5 mol/L 的溶液：H_2SO_4、$K_2Cr_2O_7$，1 mol/L 的溶液：KI、$HgCl_2$、$SnCl_2$，3 mol/L H_2SO_4 溶液，6 mol/L 的溶液：NaOH、HNO_3。30 g/L的 H_2O_2 溶液、0.2 g/L 的 $KMnO_4$ 溶液。

四、实验内容

1. 硝酸和浓硫酸的氧化性

1）硝酸

取 2 只试管，分别加入浓硝酸和 6 mol/L 硝酸各 1 mL，再各加入铜片 1 块，观察现象。写出化学反应方程式，并指出氧化剂和还原剂。

2）浓硫酸

取 2 只试管，分别加入浓硫酸和 3 mol/L H_2SO_4 各 1 mL，再分别加入铜片 1 块，微热，观察现象。写出有关化学方程式，并指出氧化剂和还原剂。

2. 高价盐的氧化性

1）重铬酸钾

取 2 支试管，分别加入 0.50 mol/L 的 $K_2Cr_2O_7$ 溶液各 1 mL，其中 1 支加入 0.05 mol/L 的 Na_2SO_3 溶液 1 mL，另一支加入 3 mol/L H_2SO_4 1 mL 和 1 mol/L KI 溶液 10 滴，摇匀。观察现象，注意溶液颜色的改变。写出反应的化学方程式，并指出氧化剂和还原剂。

2）高锰酸钾

取 1 支试管，加入 0.20 g/L 的 $KMnO_4$ 溶液 1 mL、3 mol/L H_2SO_4 溶液 0.50 mL 和 30 g/L 的 H_2O_2 溶液 0.50 mL，振摇。观察现象，注意溶液颜色的改变。写出化学反应方程式，并指出氧化剂和还原剂。

3. 低价盐的还原性

1）亚铁盐

取 1 支试管，加入固体 $FeSO_4$ 少许，溶于 0.50 mL 蒸馏水中，加入 3 mol/L H_2SO_4 1～2 滴，再加入 0.01 mol/L 的 NH_4SCN 溶液 2 滴，摇匀，然后再滴加 30 g/L 的 H_2O_2 溶液 4 滴，观察溶液颜色的变化，并说明原因。

2）亚锡盐

取 1 支试管，加入 1 mol/L 的 $HgCl_2$ 溶液 5 滴，再逐滴加入 1 mol/L 的 $SnCl_2$ 溶液，振摇，观察现象。先生成白色 $HgCl_2$ 沉淀，继续滴加 $SnCl_2$ 溶液，则变为灰黑色 Hg 沉淀。反应的化学方程式为

$$2HgCl_2 + SnCl_2 = Hg_2Cl_2 \downarrow + SnCl_4$$

$$Hg_2Cl_2 + SnCl_2 = 2Hg \downarrow + SnCl_4$$

4. 高锰酸钾在不同条件下的氧化性

1）酸性溶液中

取 1 支试管，加入 0.05 mol/L Na_2SO_3 溶液 0.50 mL 和 3 mol/L H_2SO_4 溶液 0.50 mL，然后加入 0.2 g/L 的 $KMnO_4$ 溶液 2 滴，观察溶液颜色变化。写出反应方程式，并指出反应中的氧化剂、还原剂及高锰酸钾的还原产物。

2）中性溶液中

取 1 支试管，用蒸馏水替代 3 mol/L 的硫酸进行同样的实验，观察溶液颜色的变化。写出化学方程式并指出反应中的氧化剂、还原剂及高锰酸钾的还原产物。

3）碱性溶液中

取 1 支试管，用 6 mol/L 的 NaOH 溶液代替 3 mol/L 的 H_2SO_4 溶液进行同样的实验，观察现象。写出化学方程式，指出反应中氧化剂、还原剂及高锰酸钾的还原产物。

根据以上实验，分析归纳高锰酸钾在不同酸、碱性溶液中的氧化性和还原产物。

五、思考题

（1）稀硝酸能与金属铜反应，稀硫酸可以吗？两者与金属的作用有何不同？

（2）实验室里常用重铬酸钾和浓硫酸配制洗液洗涤仪器，为什么？使用一段时间后，洗液会逐渐变为绿色，为什么？

（3）试比较高锰酸钾在何种条件下氧化性最强？说明原因。

实验六　配位化合物

一、实验目的

（1）学会配合物的制备，测定配离子的稳定性。

（2）学会区别配合物和复盐、简单离子和配离子。

（3）了解配位平衡与溶液的酸碱性、沉淀反应、氧化还原反应的关系。

二、实验原理

在简单化合物($CuSO_4$，$HgCl_2$)中加配合剂($NH_3 \cdot H_2O$，KI 等)，就会生成复杂的化合物——配合物。配离子是一种复杂离子，在水溶液中较稳定，不易电离。形成体和配体的浓度都极低，不易鉴定出来。而复盐能完全电离成简单离子，这是配合物和复盐的根本区别。

配离子的稳定性是相对的，在水溶液中能微弱地离解成简单离子，并与配位过程建立配位平衡。配位平衡与其他化学平衡一样，当外界条件发生变化时，如加沉淀剂、氧化剂、还原剂或改变溶液的酸碱性，配位平衡会发生移动。

三、实验用品

(1) 仪器　试管、离心试管、试管夹、药匙、表面皿(大、小各 1 块)、100 mL 烧杯、石棉网、铁架台、铁圈、酒精灯。

(2) 药品　0.2 mol/L $CuSO_4$，3 mol/L H_2SO_4，6 mol/L $NH_3 \cdot H_2O$，6 mol/L NaOH，四氯化碳，红色石蕊试纸，0.1 mol/L 溶液：$BaCl_2$、NaOH、$AgNO_3$、NaCl、$NH_4Fe(SO_4)_2$、KSCN、$FeCl_3$、KBr、KI、KF、$Na_2S_2O_3$、$K_3[Fe(CN)_6]$。

四、实验内容

1. $[Cu(NH_3)_4]^{2+}$ 配离子生成及稳定性

取 1 支试管，加入 0.20 mol/L $CuSO_4$ 溶液 4 mL，逐滴加入 6 mol/L $NH_3 \cdot H_2O$，边加边震荡，待生成的沉淀完全溶解后再多加氨水 1～2 滴，观察现象，写出化学反应方程式。然后另取二支试管，将此溶液取 5 滴(剩余的溶液留着下面实验备用)，在其中之一加入 $BaCl_2$ 溶液 2 滴，另一加入 0.1 mol/L NaOH 溶液 4 滴，观察现象，并加以解释。

2. 配合物和复盐区别

1) 复盐 $NH_4Fe(SO_4)_2$ 中简单离子的鉴定

(1) SO_4^{2-} 离子鉴定。取一支试管，加入 0.1 mol/L $NH_4Fe(SO_4)_2$ 溶液 1 mL，滴入 0.1 mol/L $BaCl_2$ 溶液 2 滴，观察现象。

(2) Fe^{3+} 离子鉴定。取一支试管，加入 0.1 mol/L $NH_4Fe(SO_4)_2$ 溶液 1 mL，滴入 0.1 mol/L KSCN 溶液 2 滴；观察现象。

(3) NH_4^+ 离子鉴定。在一块大的表面皿的中心，加入 0.1 mol/L $NH_4Fe(SO_4)_2$ 溶液 5 滴，再加 6 mol/L NaOH 溶液 3 滴，混匀。在另一块较小的表面皿中心粘上一条润湿的红色石蕊试纸，把它盖在大的表面皿上做成气室，将气室放在水浴上微热 2 min，观察现象。

2）配合物 $[Cu(NH_3)_4]SO_4$ 中离子鉴定

Cu^{2+} 离子鉴定。取一支试管，加入前面配制的 $[Cu(NH_3)_4]SO_4$ 溶液 1 mL，滴入 0.1 mol/L NaOH 溶液 4 滴，观察是否产生沉淀。

根据上述实验，说明配合物和复盐的区别。

3）简单离子和配离子的区别

（1）取一支试管，加入 0.1 mol/L $FeCl_3$ 溶液 1 mL，滴入 0.1 mol/L KSCN 溶液 2 滴，观察现象。

（2）以 $K_3[Fe(CN)_6]$ 溶液代替 $FeCl_3$ 溶液做相同的实验，观察现象，并加以解释。

3. 配位平衡与沉淀反应

取一支离心试管，加入 0.1 mol/L $AgNO_3$ 溶液 1 mL 和 0.1 mol/L NaCl 溶液 1 mL，离心后弃去清液，然后加入 6 mol/L $NH_3 \cdot H_2O$，边滴边震荡，至沉淀刚好溶解为止。然后在此溶液中滴入 0.1 mol/L NaCl 溶液 2 滴，观察是否有白色沉淀生成；再滴入 0.1 mol/L KBr 溶液 2 滴，观察是否有淡黄色沉淀生成；继续滴入 0.1 mol/L KBr 溶液，至沉淀不增加为止。离心后弃去清液，在沉淀中加入 0.1 mol/L $Na_2S_2O_3$ 溶液直到沉淀刚好溶解为止。

在此溶液中滴入 0.1 mol/L KBr 溶液 2 滴，观察是否有淡黄色沉淀生成，再滴 0.1 mol/L KI 溶液 2 滴，观察是否有黄色沉淀生成。

根据上述实验结果，讨论沉淀平衡与配位平衡的关系，并比较 AgCl、AgBr、AgI 的 Ksp 的大小及 $[Ag(NH_3)_2]^+$、$[Ag(S_2O_3)_2]^{3-}$ 配离子稳定性的大小。

4. 配位平衡与氧化还原反应

取 2 支试管，分别加入 0.1 mol/L $FeCl_3$ 溶液 5 滴，在其中 1 支试管中逐滴加 0.1 mol/L KF，摇匀至黄色退去，再过量几滴。然后在这 2 支试管中分别加入 5 滴 0.1 mol/L KI 溶液和 5 滴 CCl_4 振摇，观察 2 支试管中层的颜色。解释现象，并写出反应式。

5. 配位平衡与溶液的酸碱性

在试管中加入 0.1 mol/L $CuSO_4$ 溶液 1 mL，逐滴加入 6 mol/L $NH_3 \cdot H_2O$，边加边震荡，待生成的沉淀完全溶解。然后逐滴加入 3 mol/L H_2SO_4，观察溶液颜色变化，并解释现象，写出反应式。

五、思考题

（1）AgCl 为什么能溶于氨水？写出反应的化学方程式。

（2）在 $[Ag(NH_3)]Cl$ 溶液中加入 NaCl 溶液，为什么没有白色沉淀产生？

（3）怎样证明 $NH_4Fe(SO_4)_2$ 是复盐，而 $K_3[Fe(CN)_6]$ 是配位化合物？

(4) 根据下列实验现象，你能设计水的总硬度测定吗？

在 pH＝10 时，以铬黑 T 为指示剂，此时铬黑 T 指示剂溶液显蓝色，而 Mg^{2+} 离子与铬黑 T 形成紫红色的配合物（$MgIn^-$）。EDTA 与 Ca^{2+} 或 Mg^{2+} 形成的配合物是无色的，铬黑 T 和 EDTA 分别与 Ca^{2+}、Mg^{2+} 形成的配合物的稳定性的排序为

$$CaY^{2-} > MgY^{2-} > MgIn^- > CaIn^-$$

写出设计的原理、方法、步骤、现象及相关的反应式。

实验七　碱金属和碱土金属

一、实验目的

(1) 了解碱金属和碱土金属的主要性质。

(2) 了解碱土金属镁、钙、钡的氢氧化物及草酸盐的主要性质。

(3) 比较碳酸钙和碳酸氢钙的溶解性、稳定性。

(4) 进行钠、钾、钙、钡各离子焰色反应的实验。

二、实验用品

(1) 仪器　试管、烧杯、镊子、铂金丝、酒精喷灯。

(2) 药品　金属钠，镁粉，Na_2CO_3，$NaHCO_3$，Na_2O_2，饱和草酸铵溶液，石灰水，酚酞试液，红色石蕊试纸，0.1 mol/L 溶液：Na_2CO_3、$NaCl$、$MgCl_2$、$CaCl_2$、$BaCl_2$，1 mol/L 溶液：$Ca(OH)_2$、$MgSO_4$、H_2SO_4，6 mol/L 溶液：HCl、HAc，滤纸。

三、实验内容

1. 钠和钠的化合物

1) 钠与水的反应

在一烧杯中加入 20～30 mL 水，用镊子从煤油或液体石蜡中取出一小块金属钠，用干燥滤纸将钠表面的煤油吸干，将金属钠放入水中，观察现象。往烧杯里滴入两滴酚酞试液，有何现象？写出反应的化学方程式。

2) 碳酸钠和碳酸氢钠的反应

(1) 与酸的反应。取 2 支试管，分别加入少量的碳酸钠、碳酸氢钠粉末，再向每支试管

中加入适量稀盐酸，收集放出的气体分别通入澄清的石灰水，观察现象，写出反应方程式。

(2) 碳酸氢钠的分解。取 1 支干燥的大试管，加入 2 g 左右的碳酸氢钠粉末，将大试管固定在铁架台上(参见图 1-4 固体物质的加热装置图)，管口连一带塞玻璃导管，注意试管稍向下倾斜，将导管下端插入澄清的石灰水中。给试管中的碳酸氢钠加热，观察发生的现象并写出反应方程式。

注意： 当放出的气体减少时，应先将导管从溶液中移出，然后再熄灭酒精灯。

3) 过氧化钠与水的反应

取 1 支试管，加入 1 mL 水，再加入过氧化钠粉末适量，用带有余烬的火柴插入试管中，观察现象。反应完毕后，用红色石蕊试纸检验溶液，写出反应的方程式。

2. 镁和氢氧化镁

1) 镁和水的反应

取 1 支试管，加入少量镁粉及 2 mL 水，注意观察有无反应，振摇并加热 2～3 min，再观察现象；加入 1 滴酚酞试液，观察颜色有无变化。说明原因并写出反应方程式。

2) 氢氧化镁的制备和性质

取 1 支试管，加入 1 mol/L 的硫酸镁溶液 0.5 mL，再加入 1 mol/L 的氢氧化钠溶液 3～4 滴，观察有无沉淀生成；然后再加入 6 mol/L 的盐酸至沉淀溶解，写出反应方程式。

3. 碱土金属难溶盐的生成和性质

1) 镁、钙、钡的碳酸盐

取 3 支试管，分别加入 0.1 mol/L 的 $MgCl_2$、$CaCl_2$、$BaCl_2$ 溶液各 0.5 mL，再分别加入 0.1 mol/L 的 Na_2CO_3 溶液 0.5 mL，观察是否有沉淀生成，然后再加入 6 mol/L 的醋酸各 1 mL，观察现象，写出反应方程式。

2) 碳酸钙和碳酸氢钙的生成

取 1 支试管，加入约 2 mL 石灰水，用玻璃管吹入 CO_2 气体，观察有何现象？再继续吹入 CO_2 气体，注意沉淀有无变化。将溶液加热至沸腾，观察现象。写出各步反应方程式。

3) 草酸钙的性质

取 1 支试管，加入 0.1 mol/L 的 $CaCl_2$ 溶液 1 mL，再加入 1 mL 饱和草酸铵溶液，观察现象。将生成的沉淀分成两份，1 支加入 6 mol/L 的盐酸 1 mL，另 1 支加入 6 mol/L 的醋酸 1 mL，观察 2 支试管中沉淀有无变化？说明原因并写出反应方程式。

4. 焰色反应

取 1 根顶端弯成环状的铂金丝，蘸取浓盐酸在酒精喷灯上灼烧至无色，然后分别蘸取 NaCl、KCl、$CaCl_2$、$BaCl_2$ 溶液在无色火焰上灼烧，观察并比较它们的焰色。

四、思考题

（1）使用和保存金属钠（钾）应该注意哪些问题？为什么？

（2）设计一简单方案，鉴别 Ca^{2+}、Mg^{2+}、Ba^{2+} 三种离子。

实验八　卤素、氧族元素及其化合物

一、实验目的

（1）了解卤素氧化性和卤离子还原性强弱的变化规律。

（2）了解漂白粉的性质。

（3）了解过氧化氢的性质及其鉴定方法。

（4）了解硫代硫酸盐的性质。

（5）练习萃取和分液的操作。

二、实验原理

过氧化氢的检验方法是在酸性溶液中加入重铬酸钾（$K_2Cr_2O_7$）溶液，生成蓝色的过氧化铬 CrO_5。CrO_5 在水中不稳定，在乙醚中较稳定，所以常预先加入乙醚。反应为

$$K_2Cr_2O_7 + H_2SO_4 + 4H_2O_2 = K_2SO_4 + 2CrO_5 + 5H_2O$$

三、实验用品

（1）仪器　试管、胶头滴管、50 mL 分液漏斗、角匙、玻璃棒、铁架台等。

（2）药品　0.01 mol/L $KMnO_4$，1 mol/L H_2SO_4，浓 H_2SO_4，浓 $NH_3 \cdot H_2O$，2 mol/L HCl，30 g/L H_2O_2，0.1 mol/L 溶液：KBr、KI、$K_2Cr_2O_7$、$Na_2S_2O_3$、$AgNO_3$、$BaCl_2$，固体：NaCl、KBr、KI，漂白粉、淀粉碘化钾试纸、醋酸铅试纸、淀粉液、品红溶液、氯水、溴水、碘水、四氯化碳、乙醚等。

四、实验内容

1. 卤素氧化性的比较

1）氯与溴氧化性的比较

在盛有 1 mL 0.1 mol/L KBr 溶液的试管中，逐滴加入氯水，振荡，有何现象？再加入

0.5 mL CCl$_4$，充分振荡，又有何现象？试解释之。氯和溴的氧化性哪个较强？

2）溴和碘的氧化性的比较

在盛有 1 mL 0.1 mol/L KI 溶液的试管中逐滴加入溴水，振荡，有何现象？再加入 0.5 mL CCl$_4$，充分振荡，又有何现象？试解释之。溴和碘的氧化性哪一个较强？

比较上面两个实验，氯、溴和碘的氧化性的变化规律如何？

2. 卤素离子的还原性的比较

（1）往盛有少量氯化钠固体的试管中加入 1 mL 浓 H$_2$SO$_4$，有何现象？用玻璃棒蘸一些浓 NH$_3$·H$_2$O 移近试管口以检验气体产物，写出反应式并加以解释。

（2）往盛有少量溴化钾固体的试管中加入 1 mL 浓 H$_2$SO$_4$ 有何现象？用湿的淀粉碘化钾试纸移近管口以检验气体产物，写出反应式并加以解释。

（3）往盛有少量碘化钾固体的试管中加入 1 mL 浓 H$_2$SO$_4$，有何现象？把湿的醋酸铅试纸移近管口，以检验气体产物，写出反应式并加以解释。

综合上述 3 个实验，说明氯、溴和碘离子的还原性强弱的变化规律。

3. 萃取

用量筒取 10 mL 碘水，用碘化钾-淀粉试纸试之。把碘水倒入分液漏斗，加入 4 mL CCl$_4$，振荡，静置，待分层后进行分液操作（用小烧杯接 CCl$_4$ 溶液，回收）。再用淀粉碘化钾试纸试验萃取后的碘水，与萃取前的结果比较。

4. 漂白粉的性质

（1）取少量漂白粉固体放入试管，加入 2 mol/L 盐酸 2 mL，振荡后在试管口用淀粉碘化钾试纸试之。有何现象？试解释之。

（2）取少量漂白粉固体放入盛有 2 mL 蒸馏水的试管，滴入品红溶液 2 滴。有何现象？试解释之。

5. 过氧化氢的性质和检验

1）氧化性

在小试管中加入 0.1 mol/L KI 溶液约 1 mL，用 1 mol/L H$_2$SO$_4$ 酸化后，加入 2～3 滴 30 g/L H$_2$O$_2$ 溶液，观察有何变化？再加入 2 滴淀粉液，有何现象？解释之。

2）还原性

在试管里加入 0.01 mol/L KMnO$_4$ 溶液约 1 mL，用 1 mol/L H$_2$SO$_4$ 酸化后，逐滴加入 30 g/L H$_2$O$_2$ 溶液（边滴边振摇），至溶液颜色消失为止，写出化学反应方程式。

3）过氧化氢的检验

取试管一支，加入 2 mL 蒸馏水、1 mL 乙醚、0.1 mol/L K$_2$Cr$_2$O$_7$ 溶液和 1 mol/L H$_2$SO$_4$ 溶液各 1 滴，再加入 3～5 滴过氧化氢溶液，充分振荡，观察水层和乙醚层中的颜色变化。

6. 硫代硫酸盐的性质

1）硫代硫酸钠与 Cl$_2$ 的反应

取 1 mL 0.1 mol/L Na$_2$S$_2$O$_3$ 溶液于一试管中，加入 2 mL Cl$_2$ 水，充分振荡，检验溶液

中有无 SO_4^{2-} 生成。

2）硫代硫酸钠与 I_2 的反应

取 1 mL mol/L $Na_2S_2O_3$ 溶液于一试管中，加入 2 mL I_2 水，充分振荡，检验溶液中有无 SO_4^{2-} 生成。

3）硫代硫酸钠的配位反应

取 0.5 mL 0.1 mol/L $AgNO_3$ 溶液于一试管中，连续滴加 0.1 mol/L $Na_2S_2O_3$ 溶液，边滴边振荡，直至生成的沉淀完全溶解。解释所见现象。

五、思考题

（1）如何检验硫代硫酸钠与 I_2 的反应液中是否含 SO_4^{2-}？

（2）在水溶液中进行 $AgNO_3$ 与 $Na_2S_2O_3$ 的反应，有的同学的实验结果生成了黑色沉淀，有的同学的实验结果却无沉淀产生，这两种实验现象都正确吗？它们各在什么情况下出现？

（3）在什么条件下漂白粉的消毒杀菌作用最佳？

实验九　氮族、碳族、硼族元素及其化合物

一、实验目的

（1）学会铵盐和硝酸盐的检验方法。

（2）了解碳酸盐的热稳定性及硼酸的性质。

（3）了解 $Sn(Ⅱ)$ 和 $Pb(Ⅱ)$ 及氢氧化铝的两性和碳酸盐的性质。

二、实验原理

（1）用 Na_2CO_3 溶液沉淀金属阳离子时，有些阳离子生成碳酸盐，如 Ca^{2+}、Sr^{2+}、Ba^{2+} 等：

$$Ba^{2+} + CO_3^{2-} = BaCO_3 \downarrow$$

有些阳离子则生成碱式碳酸盐，如 Cu^{2+}、Mg^{2+}、Zn^{2+}、Co^{2+}、Ni^{2+} 等，还有些阳离子生成氢氧化物，如 Cd^{3+}、Al^{3+}、Fe^{3+}：

$$2Cu^{2+} + 2CO_3^{2-} + H_2O = Cu_2(OH)_2CO_3 \downarrow + CO_2 \uparrow$$

$$2Al^{3+} + 3CO_3^{2-} + 3H_2O = 2Al(OH)_3 \downarrow + 3CO_2 \uparrow$$

（2）在碱性溶液中$[Sn(OH)_4]^{2-}$可以将铋盐还原为黑色的金属铋，这是鉴定铋盐的一种方法。

$$2Bi^{3+}+6OH^-+3[Sn(OH)_4]^{2-}=2Bi\downarrow+3[Sn(OH)_6]^{2-}$$

三、实验用品

（1）仪器　试管、胶头滴管、角匙、玻棒、铁架台等。

（2）药品　$0.5\,mol/L\,Al_2(SO_4)_3$，$0.001\,mol/L\,Pb(NO_3)_2$，饱和$Al_2(SO_4)_3$，硼砂（饱和溶液），浓H_2SO_4，甘油，乙醇，石灰水，$0.1\,mol/L$的溶液：$NaHCO_3$、Na_2CO_3、$Bi(NO_3)_3$、$SnCl_2$，$1\,mol/L$的溶液：Na_2CO_3、$BaCl_2$、$CuSO_4$，$2\,mol/L$的溶液：$NaOH$、$NH_3\cdot H_2O$，$6\,mol/L$的溶液：HCl、$NaOH$、$NH_3\cdot H_2O$，固体：NH_4Cl、$NH_4H_2PO_4$、NH_4NO_3、$AgNO_3$、$Pb(NO_3)_2$、$NaNO_3$、$NaHCO_3$、Na_2CO_3、H_3BO_3。

四、实验内容

1. 铵盐的热分解与阴离子的关系

1）阴离子为挥发性酸根

在干燥试管内放入约$1\,g$的NH_4Cl固体，加热试管底部（底部略高于管口），用湿润的红色石蕊试纸在管口检验逸出的气体，观察试纸颜色的变化。继续加强热，石蕊试纸又怎样变化？观察试管上部冷壁上有白霜出现。解释实验过程中所出现的现象。

2）阴离子为不挥发性酸根

在干燥试管中加入约$1\,g\,NH_4H_2PO_4$的固体，用酒精灯加热，观察是否有气体放出，并检验释放的气体为何物？

3）阴离子为氧化性的酸根

取少量NH_4NO_3固体放在干燥试管内，加热，观察现象。

总结铵盐的热分解产物与阴离子的关系，写出上述的热分解反应方程式。

2. 硝酸盐的热分解与阳离子的关系

在3支试管中分别加入少量$AgNO_3$、$Pb(NO_3)_2$和$NaNO_3$固体，加热之，有何现象？用带有余烬的火柴伸进管口，观察现象，并加以解释。

总结硝酸盐热分解与阳离子的关系，解释之。

3. 碳酸盐的性质

1）碳酸盐热稳定性的比较

在大试管中装入$3\,g\,NaHCO_3$固体，将大试管固定在铁架台上（参见固体的加热装置图)，管口连一有塞玻璃管，玻璃管插入一装有澄清石灰水的试管，加热，观察石灰水有何变化。

用同样的方法加热 Na_2CO_3 比较两者热稳定性的大小。

2) 碳酸盐的水解

(1) 取两支试管分别加入 0.1 mol/L Na_2CO_3 溶液和 0.1 mol/L $NaHCO_3$ 溶液各 1 mL，滴加酚酞试液 2 滴，观察现象并解释之。

(2) 取两支试管分别加入 1 mol/L $BaCl_2$ 溶液和 1 mol/L $CuSO_4$ 溶液 1 mL，再分别加入 1 mol/L Na_2CO_3 溶液 1 mL，观察现象并解释之。

(3) 在 0.5 mL 饱和 $Al_2(SO_4)_3$ 溶液中加入 1 mL 饱和 Na_2CO_3 溶液，有何现象？反应产物是什么？

4. 硼酸的性质和检验

1) 硼酸的生成

取 1 mL 硼砂饱和溶液，测其 pH。在该溶液中加入 0.5 mL 浓 H_2SO_4 用冰水冷却之，有无晶体析出？离心分离，弃去溶液，用少量冷水洗涤晶体 2～3 次，再用 0.5 mL H_2O 使之溶解，用 pH 试纸测其 pH，并与硼砂溶液比较。

2) 硼酸的性质

在一个试管中加少量 H_3BO_3 固体和 6 mL 蒸馏水，微热，使固体溶解。把溶液分装于两支试管中，在一试管中加几滴甘油[$C_3H_5(OH)_3$]，混匀。各加 1 滴甲基橙指示剂，观察溶液的颜色，比较颜色的差异并解释之。

3) 硼酸的鉴定

取少量硼酸晶体放在蒸发皿中，加几滴浓 H_2SO_4 和 2 mL 乙醇，混合后点燃，观察火焰呈现出来的由硼酸三乙酯蒸汽燃烧时所发出的特征绿色。

5. Sn(Ⅱ)(亚锡酸钠)的还原性

在盛有 1 mL 0.1 mol/L $SnCl_2$ 溶液的试管中，滴加 2 mol/L $NaOH$ 溶液，同时不断振荡直至生成的沉淀完全溶解再过量 3 滴，然后加入 0.1 mol/L $Bi(NO_3)_3$ 溶液数滴，有何现象？写出反应方程式，此反应可用于鉴定 Bi^{3+}。

6. 氢氧化铝的性质

在 3 支试管中分别加入 0.5 mL 0.5 mol/L $Al_2(SO_4)_3$ 溶液，再滴加 0.5 mL 2 mol/L $NH_3 \cdot H_2O$，生成沉淀，然后离心分离，再弃去上清液。在 3 支试管中分别加入过量的 6mol/L 的 $NH_3 \cdot H_2O$、$NaOH$ 和 HCl 溶液，有何现象发生？写出反应方程式。

五、思考题

(1) 如何用化学方法鉴别下列各组溶液？

① Na_2CO_3　　$NaNO_3$

② NH_4Cl　$(NH_4)_2SO_4$

(2) 为什么不能用磨口玻璃瓶盛装碱液?

(3) 硼酸溶液加甘油后为什么酸度会变大?

实验十　d 区重要元素及其化合物

一、实验目的

(1) 了解铬、锰、铁、铜、锌和汞的各种重要价态化合物的生成和性质。

(2) 了解铬、锰、铁化合物的氧化还原性及介质对氧化还原反应的影响。

二、实验原理

(1) d 区元素存在多种氧化态。一般高氧化态的常作氧化剂,低氧化态的常作还原剂。在不同的酸碱性介质中其氧化还原产物不同。

(2) 一些 d 区元素的氢氧化物具有两性,既能与酸反应又能与碱反应。

(3) d 区元素形成配合物的能力很强,其离子的配合物一般都是有色的。

三、实验用品

(1) 仪器　试管、酒精灯等。

(2) 药品　$0.01\,mol/L\ KMnO_4$,$3\%\,H_2O_2$,乙醚,淀粉碘化钾试纸,浓 HCl,$0.1\,mol/L$ 的溶液:$CuSO_4$、$CrCl_3$、$ZnSO_4$、$K_2Cr_2O_7$、$Hg(NO_3)_2$、$Hg_2(NO_3)_2$、Na_2SO_3、$MnSO_4$、KI、$FeCl_3$,$1\,mol/L$ 的溶液:KSCN、$FeSO_4$、$K_3[Fe(CN)_6]$、NaOH,$6\,mol/L$ 的溶液:HNO_3、NaOH,$2\,mol/L$ 的溶液:H_2SO_4、氨水、NaOH,固体:MnO_2、KI。

四、实验内容

1. 铬的化合物

1) 氢氧化铬的生成及性质

在盛有 10 滴 $0.1\,mol/L\ CrCl_3$ 的试管中,逐滴加入 $2\,mol/L$ NaOH 溶液,直至产生氢氧化铬沉淀。观察沉淀的颜色,用实验证明 $Cr(OH)_3$ 呈两性,并写出反应方程式。

2) Cr^{3+} 离子的氧化和鉴定

取 $1 \sim 2$ 滴 $0.1\,mol/L\,CrCl_3$ 溶液，逐滴加入 $2\,mol/L\,NaOH$ 溶液，直至生成的沉淀又复溶解，再加入 3 滴 H_2O_2 溶液，加热，观察溶液颜色的变化，解释现象，并写出反应方程式。待试管冷却后，加入 10 滴乙醚，然后沿试管壁慢慢加入 $6\,mol/L\,HNO_3$ 酸化，在乙醚层出现蓝色，说明有 Cr^{3+} 存在。

3) CrO_4^{2-} 离子与 $Cr_2O_7^{2-}$ 离子间的相互转化

取 5 滴 $0.1\,mol/L\,K_2Cr_2O_7$ 溶液，逐滴加入 $2\,mol/L\,NaOH$ 溶液，观察溶液颜色的变化。再滴加 $2\,mol/L\,H_2SO_4$ 至酸性，观察溶液颜色的变化。解释现象，并写出反应方程式。

4) $K_2Cr_2O_7$ 的氧化性

(1) 在 5 滴 $0.1\,mol/L\,K_2Cr_2O_7$ 溶液中，加 3 滴 $2\,mol/L\,H_2SO_4$。再逐滴加入 $0.1\,mol/L$ Na_2SO_3 溶液，观察溶液颜色的变化，写出反应方程式。

(2) 在 5 滴 $0.1\,mol/L\,K_2Cr_2O_7$ 溶液中，加 15 滴浓盐酸，加热，用湿的淀粉 KI 试纸检查逸出的气体。观察试纸和溶液颜色的变化，解释现象，并写出反应方程式。

2. 锰的化合物

1) Mn^{2+} 氢氧化物的制备及性质

取 5 滴 $0.1\,mol/L\,MnSO_4$ 溶液，逐滴加入 $2\,mol/L\,NaOH$ 溶液直至沉淀完全；同时在空气中摇荡，注意沉淀颜色的变化，解释实验现象。

2) Mn^{4+} 化合物的生成

取 10 滴 $0.01\,mol/L\,KMnO_4$ 溶液，逐滴加入 $0.1\,mol/L\,MnSO_4$ 溶液，观察 MnO_2 的生成。

3) MnO_2 的氧化性

取少量 MnO_2 固体粉末于试管中，加入 10 滴浓盐酸，微热，用润湿的淀粉 KI 试纸检查有无氯气逸出。

4) MnO_4^- 的氧化性与 pH 的关系

取 3 支试管，各加 5 滴 $0.01\,mol/L\,KMnO_4$ 溶液，再分别加 2 滴 $2\,mol/L\,H_2SO_4$、水和 $2\,mol/L\,NaOH$，然后各加数滴 $0.1\,mol/L\,Na_2SO_3$ 溶液，观察各试管中所发生的现象，写出反应方程式。并说明 $KMnO_4$ 溶液的还原产物与介质的关系。

3. 铁的化合物

1) Fe^{2+} 与碱的作用及 Fe^{2+} 的还原性

在试管中加入新配制的 $1\,mol/L\,FeSO_4$ 溶液 $1\,mL$，然后加 5 滴 $1\,mol/L$ 氢氧化钠溶液，观察近乎白色的氢氧化亚铁的生成，写出化学反应方程式。将这些沉淀放置于空气中，观察并解释沉淀颜色的变化。

2) Fe^{2+} 离子和 Fe^{3+} 离子的特性反应

(1) Fe^{2+} 离子的特性反应　在试管中盛 $1\,mL$ 新制的硫酸亚铁溶液，加入铁氰化钾溶液

1～2 滴，产生深蓝色沉淀，表示有 Fe^{2+} 离子存在。

（2）Fe^{3+} 离子的特性反应　在试管中盛 1 mL 三氯化铁溶液，加入硫氰酸钾溶液 1～2 滴，形成血红色溶液，表示有 Fe^{3+} 离子存在。

4. 铜的化合物

1）$Cu(OH)_2$ 的生成和性质

在试管中加入 10 滴 0.1 mol/L $CuSO_4$ 溶液和 4 滴 2 mol/L NaOH 溶液，观察沉淀的颜色和状态。将沉淀分成两份，分别加入 2 mol/L H_2SO_4 溶液和过量 6 mol/L NaOH 溶液，观察沉淀是否溶解，写出反应式。

2）$[Cu(NH_3)_4]^{2+}$ 离子的生成

在试管中加入 5 滴 0.1 mol/L $CuSO_4$ 溶液，然后逐滴加入 2 mol/L $NH_3 \cdot H_2O$ 边加边摇，观察沉淀是否溶解，颜色有何变化？

3）Cu^{2+} 与 KI 反应

在试管中加入 5 滴 0.1 mol/L $CuSO_4$ 溶液和 10 滴 0.1 mol/L KI 溶液，观察并解释现象，写出反应式。

5. 锌的化合物

1）$Zn(OH)_2$ 的生成和两性

在试管中加入 10 滴 0.1 mol/L $ZnSO_4$ 溶液和 4 滴 2 mol/L NaOH 溶液，观察沉淀的颜色和状态。将沉淀分成 2 份，分别加入 2 mol/L H_2SO_4 溶液和过量 6 mol/L NaOH 溶液，观察沉淀是否溶解，写出反应式。

2）$[Zn(NH_3)_4]^{2+}$ 离子的生成

在试管中加入 5 滴 0.1 mol/L $ZnSO_4$ 溶液，然后逐滴加入 2 mol/L $NH_3 \cdot H_2O$，边加边摇，观察沉淀是否溶解，写出反应式。

6. 汞的化合物

1）$Hg(OH)_2$ 的生成及其不稳定性

在 2 支试管中分别加入 5 滴 0.1 mol/L $Hg(NO_3)_2$ 和 0.1 mol/L $Hg_2(NO_3)_2$ 溶液，然后再各加入 5 滴 2 mol/L NaOH 溶液，观察沉淀颜色有何不同？写出有关的反应式。

2）Hg^{2+} 和 H_2^{2+} 离子与 $NH_3 \cdot H_2O$ 的反应

在 2 支试管中分别加入 5 滴 0.10 mol/L $Hg(NO_3)_2$ 和 0.10 mol/L $Hg_2(NO_3)_2$ 溶液，然后再各加入 5 滴 2 mol/L NaOH 溶液，边加边摇，观察实验现象，写出反应式。

3）Hg^{2+} 和 H_2^{2+} 与 KI 的反应

在 2 支试管中分别加入 5 滴 0.10 mol/L $Hg(NO_3)_2$ 和 0.10 mol/L $Hg_2(NO_3)_2$ 溶液，然后各加入 1～2 滴 0.10 mol/L KI 溶液，有何现象？再在两试管中各加入少量 KI 固体，有何现象？为什么？

五、思考题

(1) 有哪些方法可以区分下列离子？

① Hg^{2+} 与 Hg_2^{2+}　　② Fe^{2+} 与 Fe^{3+}　　③ Zn^{2+} 与 Cu^{2+}

(2) 用什么方法可以使下列离子相互转变？

$$Cr^{3+} \rightleftharpoons CrO_4^{2-} \rightleftharpoons Cr_2O_7^{2-}$$

(3) $KMnO_4$ 的还原产物与溶液的酸碱性有什么关系？

第3章　有机化学部分

实验一　简单玻璃工操作、塞子的选择和打孔

一、实验目的

(1) 能够掌握简单玻璃工操作的基本要领，会弯不同角度的玻璃弯管，会拉不同直径的毛细管和制电动搅拌器上的玻璃搅拌棒等。

(2) 练习塞子的钻孔。

二、实验内容

1. 玻璃弯管的制备

有机化学实验中常用的玻璃弯管有 45°、75°、90°、135°等。初学者容易出现的问题有：弯曲部分变细了，扭曲了，瘪了等，为此，需要注意以下 4 个方面。

(1) 加热部分要稍宽些，同时要不时转动使其受热均匀。

(2) 不能一面加热一面弯曲，一定要等玻璃管烧软后离开火焰再弯，弯曲时两手用力要均匀，不能有扭力、拉力和推力。如图 3-1 所示。

(3) 玻璃管弯曲角度较大时，不能一次弯成，先弯曲一定角度将加热中心部位稍偏离原中心部位，再加热弯曲，直至达到所要求的角度为止。

(4) 弯制好的玻璃弯管不能立即和冷的物件接触，要把它放在石棉网(板)上自然冷却。检查弯好的玻璃管的外形，如图 3-2 所示的形状为合用。

图 3-1　弯曲玻璃管的操作　　　　图 3-2　弯好的玻璃管的形状

2. 毛细管的拉制

有机化学实验中常用的毛细管有熔点管、沸点管、薄层层析法点样用的毛细管，减压蒸馏用的毛细管及滴管等，内径要求各不相同。初学者容易出现的问题及克服方法有以下 3 个方面。

（1）玻璃管尚未烧柔软就拉，把玻璃管拉成了哑铃形，所以一定要等玻璃管烧软化后再拉，软化程度要比弯玻璃管强一些。

（2）玻璃管尚未离开火焰就拉，毛细管很快被拉断，所以要等玻璃管烧软化后离开火焰再拉，拉的速度既不能太快也不能太慢。应根据毛细管内径要求而定，内径小的可快点，内径大的可慢点。

（3）拉后的毛细管未等冷却就立即放在台子上，致使毛细管两端弯曲或破裂，所以拉毛细管时，两手要端平，使玻璃管烧软化后离开火焰向相反方向拉，拉后稍停片刻再放到垫有石棉网（板）的台子上冷却。

3. 玻璃搅拌棒的制备

这里所说的玻璃搅拌棒，是指装在电动搅拌头上的搅拌棒。下面介绍一种制备简单，搅拌效果又好的玻璃搅拌棒的制法。

取一根一定长度的玻璃棒，在煤气灯火焰上将距一端约 2 cm 处烧软后，先弯成 135°，再将弯曲部分烧软化后放在石棉网（板）上，用老虎钳等硬物压扁即可。

4. 塞子的钻孔

1）塞子的选择

选择一个大小合适的塞子，是使用塞子的起码要求。总的要求是塞子的大小与仪器的口径相适合，塞子进入瓶颈或管颈的部分是塞子本身高度的 1/3～2/3，如图 3-3 所示；否则，就不合用。使用新软木塞时，只要能塞入 1/3～1/2 时就可以了，因为经过压塞机压软打孔后就有可能塞入 2/3 左右了。

2）钻孔器的选择

有机化学实验往往需要在塞子内插入导气管、温度计、滴液漏斗等，这就需要在塞子上钻孔，钻孔用的工具叫钻孔器（也叫打孔器）。这种钻孔器是靠手力钻孔的。每套钻孔器约有五六支直径不同的钻嘴，以供选择。

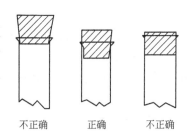

不正确　　　正确　　　不正确

图 3-3　塞子的配置

若在软木塞上钻孔，就应选用比欲插入的玻璃管等的外径稍小或接近的钻嘴。若在橡皮塞上钻孔，则要选用比欲插入的玻璃管的外径稍大的钻嘴，因为橡皮塞有弹性，钻成后，会收缩使孔径变小。

总之，塞子孔径的大小，应能使欲插入的玻璃管紧密地贴合固定为度。

3）钻孔的方法

软木塞在钻孔之前，需用压塞机压紧，防止在钻孔时破裂。把塞子的一端朝上，平放在桌面的一块木板上，这块木板的作用是避免当塞子被钻通后，钻坏桌面。钻孔时，左手握紧塞子平稳放在木板上，右手持钻孔器的柄，在选定的位置，使劲地将钻孔器以顺时针的方向向下转动，使钻孔器垂直于塞子的平面，不能左右摇摆，更不能倾斜。不然，钻得的孔道是偏斜的。等到钻至约塞子的一半时，按逆时针旋转取出钻嘴，用钻杆通出钻嘴中的塞芯。然后在塞子大的一面钻孔，要对准小头的孔位，以上述同样的操作钻孔至钻通。拔出钻嘴，通出钻嘴内的塞芯。钻孔的操作见图3-4和图3-5。

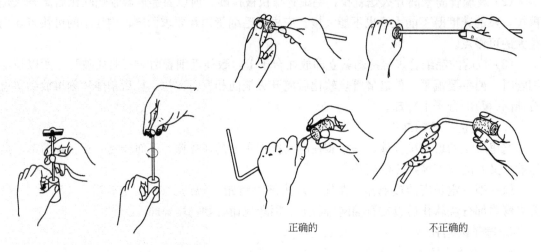

正确的　　　　　　不正确的

图3-4　塞子的钻孔　　　　　　图3-5　玻璃管插入塞子

为了减少摩擦，特别是对橡皮塞时，可在钻嘴的刀口搽一些甘油或水。

钻孔后要检查孔道是否合适，如果不费力就能把玻璃管插入时，说明孔道过大，玻璃管和塞子之间不够紧密贴合会漏气；若孔道小或不光滑时，用圆锉修整。

三、思考题

（1）弯曲和拉细玻璃管时，玻璃管的温度有什么不同？为什么要不同？弯制好了的玻璃管，如果和冷的物件接触会发生什么不良的后果？应该怎样才能避免？

（2）在加热玻璃管（棒）之前，应用小火加热；在加工完毕后又需小火"退火"，这是为什么？

（3）把玻璃管插入塞子孔道中时要注意什么？怎样才不会割破皮肤呢？拔出时怎样操作才安全？

实验二　熔点的测定及温度计校正

一、实验目的

(1) 了解熔点测定的意义。

(2) 掌握熔点测定的操作方法。

(3) 了解利用对纯粹有机化合物的熔点测定校正温度计的方法。

二、实验原理

1. 熔点

熔点是固体有机化合物固-液两态在大气压力下达成平衡的温度，纯净的固体有机化合物一般都有固定的熔点，固-液两态之间的变化是非常敏锐的，自初熔至全熔（称为熔程）温度不超过 $0.5\ ℃\sim1\ ℃$。

加热纯有机化合物，当温度接近其熔点范围时，升温速度随时间变化约为恒定值，此时用加热时间对温度作图（见图 3-6）。

化合物温度低于熔点时以固相存在，加热使温度上升，达到熔点时开始有少量液体出现，而后固液相平衡。继续加热，温度不再变化，此时加热所提供的热量使固相不断转变为液相，两相间仍保持平衡，固体熔化后，继续加热则温度线性上升。因此在接近熔点时，加热速度一定要慢，每分钟温度升高不能超过 2 ℃，只有这样，才能使整个熔化过程尽可能接近于两相平衡条件，测得的熔点也越精确。

当含杂质时（假定两者不形成固液体），根据拉乌耳定律可知在一定的压力和温度条件下，在溶剂中增加溶质，导致溶剂蒸汽分压降低（图 3-7 中 $M'L'$），固液两相交点 M' 即代表含有杂质化合物达到熔点时的固液相平衡共存点，TM' 为含杂质时的熔点。显然，此时的熔点较纯净者低。

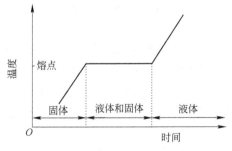

图 3-6　相随时间和温度的变化

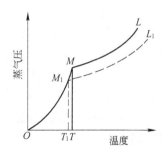

图 3-7　物质蒸汽压随温度变化曲线

2. 混合熔点

在鉴定某未知物时，如测得其熔点和某已知物的熔点相同或相近时，不能认为它们为同一物质。还需把它们混合，测该混合物的熔点，若熔点仍不变，才能认为它们为同一物质。若混合物熔点降低，熔程增大，则说明它们属于不同的物质。故此种混合物熔点试验，是检验两种熔点相同或相近的有机物是否为同一物质的最简便方法。多数有机物的熔点都在 400 ℃以下，较易测定。但也有一些有机物在其熔化以前就发生分解，只能测得分解点。

三、实验用品

(1) 仪器　温度计、B 型管（Thiele 管）。
(2) 药品　石蜡、尿素、苯甲酸、乙酰苯胺、萘、未知物。

四、实验操作

1. 样品的装入

将少许样品放置于干净表面皿上，用玻璃棒将其研细并聚成一堆。把毛细管（内径约 1 mm，长约 60～70 mm）开口一端垂直插入堆集的样品中，使一些样品进入管内，然后把该毛细管垂直桌面轻轻上下振动，使样品进入管底，再用力在桌面上下振动，尽量使样品装得紧密。或将装有样品，管口向上的毛细管，放入长约 50～60 cm 垂直桌面的玻璃管中，管下可垫一表面皿，使之从高处落于表面皿上，如此反复几次后，可把样品装实，样品高度 2～3 mm。熔点管外的样品粉末要擦干净以免污染热浴液体。装入的样品一定要研细、夯实。否则影响测定结果。

2. 测熔点

按图 3-8 装好装置，放入加热液（浓硫酸），用温度计水银球蘸取少量加热液，小心地将熔点管粘附于水银球壁上，或剪取一小段橡皮圈套在温度计和熔点管的上部（见图3-8）。将粘附有熔点管的温度计小心地插入加热浴中，以小火在图示部位加热。开始时升温速度可以快些，当传热液温度距离该化合物熔点约 10 ℃～15 ℃时，调整火焰使每分钟上升约 1 ℃～2 ℃，愈接近熔点，升温速度应愈缓慢，每分钟约 0.2 ℃～0.3 ℃。为了保证有充分时间让热量由管外传至毛细管内使固体熔化，控制升温速度是准确测定熔点的关键；另一方面，观察者不可能同时观察温度计所示读数和试样的变化情况，只有缓慢加热才可使此项误差减小。记下试样开始塌落并有液相产生时（初熔）和固体完全消失时（全熔）的温度读数，即为该化合物的熔程。要注意在加热过程中试样是否有萎缩、变色、发泡、升华、碳化等现象，均应如实记录。

熔点测定，至少要有两次的重复数据。每一次测定必须用新的熔点管另装试样，不得

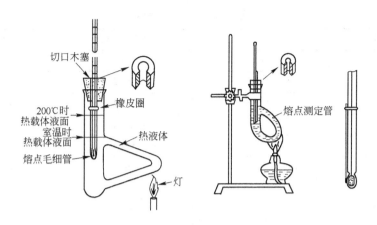

图 3-8　熔点测定装置

将已测过熔点的熔点管冷却，使其中试样固化后再做第二次测定。因为有时某些化合物部分分解，有些经加热会转变为具有不同熔点的其他结晶形式。

如果测定未知物的熔点，应先对试样粗测一次，加热可以稍快，知道大致的熔程，待浴温冷至熔点以下 30 ℃左右，再另取一根装好试样的熔点管做准确的测定。

熔点测定后，温度计的读数须对照校正图进行校正。一定要等测熔点时浴液冷却后，方可将硫酸(或液体石蜡)倒回瓶中。温度计冷却后，用纸擦去硫酸方可用水冲洗，以免硫酸遇水发热，使温度计水银球破裂。

3. 温度计校正

测熔点时，温度计上的熔点读数与真实熔点之间常有一定的偏差，这可能由于以下原因。

首先，温度计的制作质量差，如毛细孔径不均匀，刻度不准确。

其次，温度计有全浸式和半浸式两种，全浸式温度计的刻度是在温度计汞线全部均匀受热的情况下刻出来的，而测熔点时仅有部分汞线受热，因而露出的汞线温度较全部受热者低。

为了校正温度计，可选用纯有机化合物的熔点作为标准或选用一标准温度计校正。

选择数种已知熔点的纯化合物为标准，测定它们的熔点，以观察到的熔点作纵坐标，测得熔点与已知熔点差值作横坐标，画成曲线(如图 3-9 所示)，即可从曲线上读出任一温度的校正值。

常用标准样品及其熔点见表 3-1。

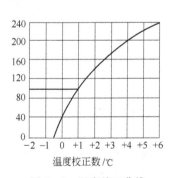

图 3-9　温度校正曲线

表 3-1 常用标准样品

样 品 名 称	熔点/℃	样 品 名 称	熔点/℃
水-冰	0	尿素	135
α-萘胺	50	二苯基羟基乙酸	151
二苯胺	54～55	水杨酸	159
对苯二胺	53	对苯二酚	173～174
苯甲酸苄酯	71	3,5-二硝基苯甲酸	205
萘	80.6	蒽	216.2～216.4
间二硝基苯	90	酚酞	262～263
二苯乙二酮	95～96	蒽醌	286(升华)
乙酰苯胺	114.3	肉桂酸	133
苯 甲 酸	122.4		

五、实验注意事项

(1) 熔点管必须洁净。如含有灰尘等，能产生 4 ℃～10 ℃的误差。

(2) 熔点管底未封好会产生漏管。

(3) 样品粉碎要细，填装要实；否则产生空隙，不易传热，造成熔程变大。

(4) 样品不干燥或含有杂质，会使熔点偏低，熔程变大。

(5) 样品量适中。太少不便观察，而且熔点偏低；太多会造成熔程变大，熔点偏高。

(6) 升温速度应慢，让热传导有充分的时间。若升温速度过快，熔点偏高。

(7) 若熔点管壁太厚，热传导时间长，会产生熔点偏高。

(8) 使用硫酸作加热浴液要特别小心，不能让有机物碰到浓硫酸；否则使浴液颜色变深，有碍熔点的观察。若出现这种情况，可加入少许硝酸钾晶体共热后使之脱色。采用浓硫酸作热浴，适用于测熔点在 220 ℃以下的样品，若要测熔点在 220 ℃以上的样品可用其他热浴液。

六、思考题

测熔点时，若有下列情况将产生什么结果？

① 熔点管壁太厚。

② 熔点管底部未完全封闭，尚有一针孔。

③ 熔点管不洁净。

④ 样品未完全干燥或含有杂质。

⑤ 样品研得不细或装得不紧密。

⑥ 加热太快。

实验三　蒸馏及沸点的测定

一、实验目的

(1) 熟悉蒸馏和测定沸点的原理，了解蒸馏和测定沸点的意义。

(2) 掌握蒸馏和测定沸点的操作要领和方法。

二、实验原理

液体的分子由于分子运动有从表面逸出的倾向，这种倾向随着温度的升高而增大，进而在液面上部形成蒸汽。当分子由液体逸出的速度与分子由蒸汽中回到液体中的速度相等时，液面上的蒸汽达到饱和，称为饱和蒸汽。它对液面所施加的压力称为饱和蒸汽压。实验证明，液体的蒸汽压只与温度有关。即液体在一定温度下具有一定的蒸汽压。

当液体的蒸汽压增大到与外界施于液面的总压力(通常是大气压力)相等时，就有大量气泡从液体内部逸出，即液体沸腾。这时的温度称为液体的沸点。

纯粹的液体有机化合物在一定的压力下具有一定的沸点(沸程 0.5 ℃~1.5 ℃)。利用这一性质，可以测定纯液体有机物的沸点，又称常量法。

但是，具有固定沸点的液体不一定都是纯粹的化合物，因为某些有机化合物常和其他组分形成二元或三元共沸混合物，它们也有一定的沸点。

蒸馏是将液体有机物加热到沸腾状态，使液体变成蒸汽，又将蒸汽冷凝为液体的过程。通过蒸馏可除去不挥发性杂质，可分离沸点差大于 30 ℃的液体混合物，还可以测定纯液体有机物的沸点及定性检验液体。

三、实验用品

(1) 仪器　蒸馏瓶、温度计、直形冷凝管、接引管、锥形瓶、量筒。

(2) 药品　乙醇。

四、实验装置

实验装置主要由汽化、冷凝和接收三部分组成，如图 3 - 10 所示。

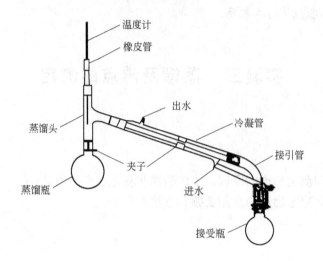

图 3-10 蒸馏装置

（1）蒸馏瓶。蒸馏瓶的选用与被蒸液体量的多少有关，通常装入液体的体积应为蒸馏瓶容积 1/3～2/3。液体量过多或过少都不宜。（请思考：为什么?）在蒸馏低沸点液体时，选用长颈蒸馏瓶；而蒸馏高沸点液体时，选用短颈蒸馏瓶。

（2）温度计。温度计应根据被蒸馏液体的沸点来选，低于 100 ℃，可选用 100 ℃温度计；高于 100 ℃，应选用 250 ℃～300 ℃水银温度计。

（3）冷凝管。冷凝管可分为水冷凝管和空气冷凝管两类，水冷凝管用于被蒸液体沸点低于 140 ℃；空气冷凝管用于被蒸液体沸点高于 140 ℃（请思考：为什么）。

（4）接引管及接收瓶。接引管将冷凝液导入接收瓶中。常压蒸馏选用锥形瓶为接收瓶，减压蒸馏选用圆底烧瓶为接收瓶。

仪器安装顺序为：先下后上，先左后右。卸仪器与其顺序相反。

五、实验步骤

1）加料

将待蒸乙醇 40 mL 小心倒入蒸馏瓶中，不要使液体从支管流出。加入几粒沸石，（请思考：为什么?）塞好带温度计的塞子，注意温度计的位置。再检查一次装置是否稳妥与严密。

2）加热

先打开冷凝水龙头，缓缓通入冷水，然后开始加热。注意冷水自下而上，蒸汽自上而下，两者逆流冷却效果好。当液体沸腾且蒸汽到达水银球部位时，温度计读数急剧上升，调节热源，让水银球上液滴和蒸汽温度达到平衡，使蒸馏速度以每秒 1～2 滴为宜。此时，温度计读数就是馏出液的沸点。

蒸馏时若热源温度太高，使蒸汽成为过热蒸汽，造成温度计所显示的沸点偏高；若热源温度太低，馏出物蒸汽不能充分浸润温度计水银球，造成温度计读出的沸点偏低或不规则。

3）收集馏液

准备两个接受瓶，一个接受前馏分或称馏头，另一个（需称重）接受所需馏分，并记下该馏分的沸程，即该馏分的第一滴和最后一滴时温度计的读数。

在所需馏分蒸出后，温度计读数会突然下降。此时应停止蒸馏。即使杂质很少，也不要蒸干，以免蒸馏瓶破裂及发生其他意外事故。

4）拆除蒸馏装置

蒸馏完毕，先应撤出热源，然后停止通水，最后拆除蒸馏装置（与安装顺序相反）。

六、实验注意事项

（1）冷却水流速以能保证蒸汽充分冷凝为宜，通常只需保持缓缓水流即可。

（2）蒸馏有机溶剂均应用小口接收器，如锥形瓶。

七、思考题

（1）什么叫沸点？液体的沸点和大气压有什么关系？

（2）蒸馏时加入沸石的作用是什么？如果蒸馏前忘记加沸石，能否立即将沸石加至将近沸腾的液体中？当重新蒸馏时，用过的沸石能否继续使用？

（3）为什么蒸馏时最好控制馏出液的速度为每秒 1～2 滴为宜？

（4）如果液体具有恒定的沸点，那么能否认为它是纯物质？

实验四　折光率的测定

一、实验目的

（1）了解阿贝折光仪的构造和折光率测定的基本原理。

（2）掌握用阿贝折光仪测定液态有机化合物折光率的方法。

二、实验原理

一般地说，光在两种不同介质中的传播速度是不相同的，所以光线从一个介质进入另一个介质，当它的传播方向与两个介质的界面不垂直时，则在界面处的传播方向发生改变，这种现象称为光的折射现象。

三、实验内容

（1）将阿贝折光仪置于靠窗口的桌上或白炽灯前，但避免阳光直射，用超级恒温槽通入所需温度的恒温水于两棱镜夹套中，棱镜上的温度计应指示所需温度，否则应重新调节恒温槽的温度。

（2）松开锁钮，打开棱镜，滴1～2滴丙酮在玻璃面上，合上两棱镜，待镜面全部被丙酮湿润后再打开，用擦镜纸轻擦干净。

（3）校正。用重蒸蒸馏水较正，打开棱镜，滴1滴蒸馏水于下面镜面上，在保持下面镜面水平情况下关闭棱镜，转动刻度盘罩外手柄（棱镜被转动），使刻度盘上的读数等于蒸馏水的折光率（$n_D^{20}=1.332\,99$，$n_D^{25}=1.332\,5$）。调节反射镜使入射光进入棱镜组，并从测量望远镜中观察，使视场最明亮，调节测量镜（目镜），使视场十字线交点最清晰。转动消色调节器，消除色散，得到清晰的明暗界线，然后用仪器附带的小旋棒旋动位于镜筒外壁中部的调节螺丝，使明暗线对准十字交点，校正即完毕。

（4）测定。用丙酮清洗镜面后，滴加1～2滴样品于毛玻璃面上，闭合两棱镜，旋紧锁钮。如样品很易挥发，可用滴管从棱镜间小槽中滴入。

转动刻度盘罩外手柄（棱镜被转动），使刻度盘上的读数为最小，调节反射镜使光进入棱镜组，并从测量望远镜中观察，使视场最明亮，再调节目镜，使视野十字线交点最清晰。

再次转动罩外手柄，使刻度盘上的读数逐渐增大，直到观察到视场中出现的半明半暗现象，并在交界处有彩色光带，这时转动消色散手柄，使彩色光带消失，得到清晰的明暗界线，继续转动罩外手柄使明暗界线正好与目镜中的十字线交点重合，从刻度盘上直接读取折光率。

四、实验注意事项

① 要特别注意保护棱镜镜面，滴加液体时防止滴管口划镜面。

② 每次擦拭镜面时，只许用擦镜头纸轻擦；测试完毕，也要用丙酮洗净镜面，待干燥后才能合拢棱镜。

③ 不能测量带有酸性、碱性或腐蚀性的液体。

④ 测量完毕，拆下连接恒温槽的胶皮管，棱镜夹套内的水要排尽。

⑤ 若无恒温槽，所得数据要加以修正，通常温度每升高1 ℃，液态化合物折光率降低$3.5\times10^{-4}\sim5.5\times10^{-4}$。

实验五　萃 取 分 离

一、实验目的

(1) 了解萃取分离的基本原理，乳化及破乳化。
(2) 熟练掌握分液漏斗的选择及各项操作。

二、实验原理

萃取是利用物质在两种不互溶(或微溶)溶剂中溶解度或分配比的不同来达到分离、提取或纯化目的一种操作。

例如，将含有有机化合物的水溶液用有机溶剂萃取时，有机化合物就在两液相之间进行分配。在一定温度下，此有机化合物在有机相中和在水相中的浓度之比为一常数，即所谓"分配定律"。设溶液由有机化合物 X 溶解于溶剂 A 而成，现如要从其中萃取 X，可选择一种对 X 溶解度极好，而与溶剂 A 不相溶和不起化学反应的溶剂 B。把溶液放入分液漏斗中，加入溶剂 B、充分振荡。静置后，由于 A 与 B 不相混溶，故分成两层。此时 X 在 A、B 两相间的浓度比，在一定温度下、为一常数，叫作分配系数，以 K 表示。

$$\frac{\text{X 在溶剂 A 中的浓度}}{\text{X 在溶剂 B 中的浓度}} = K(\text{分配系数})$$

(溶剂 B 不与 X 起反应时才适用)。

三、实验用品

(1) 仪器　125 mL 分液漏斗、150 mL 烧杯、250 mL 烧杯、100 mL 锥形烧瓶、脂肪提取器(示教)。
(2) 药品　凡士林、乙醚、苯、四氯化碳、苯胺、氯化钠、无水硫酸镁、乙酸乙酯、石油醚(轻汽油)。

四、实验内容

在实验中用得最多的是水溶液中物质的萃取，最常使用的萃取器皿为分液漏斗。

(1) 在使用分液漏斗前必须仔细检查，玻璃塞和活塞是否紧密配套。然后在活塞孔两边轻轻地抹上一层凡士林，插上活塞旋转一下，再看是否漏水。

(2) 将漏斗放于固定在铁架上的铁圈中，关好活塞，将要萃取的水溶液和萃取剂(一般为溶液体积的 1/3)依次从上口倒入漏斗中，塞紧塞子。

（3）取下分液漏斗，用右手掌顶住漏斗顶塞并握住漏斗，左手握住漏斗活塞处，大拇指压紧活塞，旋转振摇（如图 3-11 所示），振摇几次后，将漏斗的上口向下倾斜，下部的支管指向斜上方（朝无人处），左手仍握在活塞支管处，用拇指和食指旋开活塞放气（释放漏斗内的压力），如此重复几次，将漏斗放回铁圈中静置，待两层液体完全分开后，打开上面的玻璃塞，再将活塞缓缓旋开，下层液体自活塞放出，然后将上层液体从分液漏斗的上口倒出。将水溶液倒回分液漏斗，再用新的萃取剂萃取。如此重复 3～5 次，即应按"少量多次"的原则进行萃取，才能收到好的效果。

图 3-11　分液漏斗的振摇

五、实验注意事项

（1）分液时一定要尽可能分离干净，有时在两相间可能出现一些絮状物，也应同时放去（下层）。

（2）要弄清哪一层是水溶液。若搞不清，可任取一层的少量液体置于试管中，并滴少量自来水。若分为两层，说明该液体为有机相，若加水后不分层则是水溶液。

（3）在萃取时，可利用"盐析效应"，即在水溶液中加入一定量的电解质（如氯化钠），以降低有机物在水中的溶解度，提高萃取效果。水洗操作时，不加水而加饱和食盐水也是这个道理。

（4）在萃取时，特别是当溶液呈碱性时，常常会产生乳化现象。这样很难将它们完全分离，所以要进行破乳，可加些酸。

萃取溶剂的选择要根据被萃取物质在此溶剂中的溶解度而定，同时要易于和溶质分离开。所以最好用低沸点的溶剂。一般水溶性较小的物质可用石油醚萃取，水溶性大的物质可用苯或乙醚，水溶性极大的物质可用乙酸乙酯。

（5）分液漏斗使用后，应用水冲洗干净，玻璃塞和活塞用薄纸包裹后塞回去。

六、思考题

（1）影响萃取法的萃取效率因素有哪些？怎样才能选择好溶剂？

（2）使用分液漏斗的目的何在？使用分液漏斗时要注意哪些事项？

（3）乙醚作为一种常用的萃取剂，其优缺点是什么？

实验六　醇、酚、醚的性质

一、实验目的

（1）验证醇、酚、醚的主要化学性质。

（2）进行醇酚醚及伯醇、仲醇、叔醇、多元醇的鉴别试验。

二、实验用品

（1）仪器　18 mm×150 mm 试管、10 mm×100 mm 试管、150 mL 烧杯、酒精灯。

（2）药品　2.5 mol/L 氢氧化钠溶液、1.5 mol/L 硝酸、0.3 mol/L 硫酸铜溶液、乙醇、甘油、无水乙醇、酚酞指示剂、正丁醇、金属钠、卢卡斯试剂、仲丁醇、浓硫酸、叔丁醇、饱和碳酸氢钠、苯酚、0.2 mol/L 苯酚溶液、浓盐酸、0.2 mol/L 临苯二酚溶液、饱和溴水、1.5 mol/L 硫酸、0.2 mol/L 苯甲醇溶液、乙醚、0.06 mol/L 三氯化铁溶液、0.17 mol/L 重铬酸钾溶液、0.03 mol/L 高锰酸钾溶液。

三、实验内容

1. 醇钠的生成和水解

在试管中加入无水乙醇 0.5 mL，再加入洁净的金属钠一小粒，观察反应放出的气体和试管的发热。随着反应的进行，试管内溶液逐渐变稠。当钠完全溶解后，冷却，试管内凝成固体。然后滴加水直到固体消失，再滴加入一滴酚酞试液，观察并解释发生的变化。

2. 醇的氧化

取 3 支试管，分别加入正丁醇、仲丁醇、叔丁醇各 3 滴，再取试管 1 支，加 3 滴蒸馏水作为对照。然后各加入 1.5 mol/L 硫酸 1 mL、0.17 mol/L 重铬酸钾溶液 2～3 滴，振摇，观察并解释发生的变化。

3. 与卢卡斯试剂的反应

取 3 支试管，编号，1 试管中加 5 滴正丁醇，2 试管中加 5 滴仲丁醇，3 试管中加 5 滴叔丁醇。在 50 ℃～60 ℃水浴中预热片刻。然后同时向 3 支试管加入卢卡斯试剂各 1 mL，振摇，静置，注意观察并解释所发生的现象。

4. 甘油与氢氧化铜的反应

取试管两支，各加入 2.5 mol/L 氢氧化钠溶液 1 mL 和 0.3 mol/L 硫酸铜溶液 10 滴，摇匀，然后分别加入乙醇 1 mL、甘油 1 mL，振摇，观察变化。然后往深蓝色溶液中滴加浓盐酸到酸性，观察并解释发生的变化。

5. 酚的弱酸性试验

取蓝色石蕊试纸一小片，放在表面皿上，用蒸馏水湿润，在试纸上加 1 滴 0.2 mol/L 苯酚溶液，观察并解释发生的变化。另取试管两支，各加苯酚少许和水 1 mL，振摇，观察现象。往一支试管中加入 2.5 mol/L 氢氧化钠溶液数滴，振摇，观察现象；往另一支试管中加饱和碳酸氢钠 1 mL，振摇，观察并解释发生的变化。

6. 溴与苯酚的反应

在试管中加入 0.2 mol/L 苯酚溶液 2 滴，逐滴加饱和溴水，振摇，直至白色沉淀生成，观察并解释发生的变化。

7. 酚与三氯化铁的反应

取 3 支试管，分别加 0.2 mol/L 苯酚、0.2 mol/L 邻苯二酚和 0.2 mol/L 苯甲醇溶液数滴，再各加 0.06 mol/L 三氯化铁溶液 1 滴，振摇，观察并解释发生的变化。

8. 酚的氧化反应

在试管中加入 0.2 mol/L 苯酚溶液 10 滴，加入 2.5 mol/L 氢氧化钠 5 滴，最后加 0.03 mol/L 高锰酸钾溶液 2～3 滴，观察并解释发生的变化。

9. 醚生成盐的反应

取干燥大试管两支，各加浓硫酸 2 mL，放在冰水浴中冷却到 0 ℃；再取两支试管，各加乙醚 1 mL，也放在冰浴中冷却。然后在冷却和振摇下，分次把冷的乙醚分别加到上述两试管中去，摇匀。观察现象，注意是否还有乙醚的气味，然后往两支试管中各倒入冰水 5 mL，振摇，观察现象，注意乙醚气味重现。解释这些现象。

四、思考题

(1) 卢卡斯试剂是否可以鉴别伯醇、仲醇和叔醇？如何根据反应现象进行判别？

(2) 为什么多元醇能溶解氢氧化铜？生成什么物质？

(3) 苯酚为什么溶解于氢氧化钠溶液而不溶于碳酸氢钠溶液中？

实验七　醛、酮的性质

一、实验目的

(1) 结合实验所见，联系醛、酮的分子结构，认识醛、酮的共性和个性。

(2) 进行醛、酮的鉴别试验。

二、实验用品

(1) 仪器　18 mm×150 mm 试管、10 mm×100 mm 试管、250 mL 烧杯、酒精灯、石棉网、100 ℃温度计。

(2) 药品　希夫试剂、碘溶液、乙醇、2.5 mol/L 盐酸、2 mol/L 氨水、甲醛水溶液（福尔马林）、乙醛、丙酮、苯甲醛、斐林溶液 A、斐林溶液 B、2,4-二硝基苯肼溶液、饱和亚硫酸氢钠溶液、1.25 mol/L 氢氧化钠溶液、0.05 mol/L 硝酸银溶液。

三、实验内容

1. 与 2,4 -二硝基苯肼的反应

取 4 支试管，编号，各加 2,4 -二硝基苯肼试剂 1 mL，然后分别加入福尔马林、乙醛、丙酮、苯甲醛各 2 滴，振摇试管，观察并解释发生的变化。

2. 与亚硫酸氢钠的反应

取两支干燥试管，编号，各加入饱和亚硫酸氢钠溶液 1 滴，然后分别加入丙酮、苯甲醛各 5 滴，振摇，把试管用冰水冷却，注意观察变化。若无晶体析出再加乙醇 1 mL。往生成结晶的试管中滴加 2.5 mol/L 盐酸，观察并解释发生的变化。

3. 斐林反应

在大试管中将斐林 A 和斐林 B 各 2 mL 混合均匀，然后分装到 4 支大试管中，分别加入福尔马林、乙醛、丙酮、苯甲醛各 1 滴，振摇，放在 80 ℃水浴中加热 2～3 min，观察并解释发生的变化。

4. 托伦反应

在洁净的大试管中加入 2 mL 硝酸银溶液，加入 1 滴 1 mol/L 氢氧化钠溶液，然后在振摇下滴加 1 mol/L 氨水，直到生成的氧化银沉淀恰好溶解为止。把配好的溶液装于洁净的 4 支试管中，然后分别加福尔马林、乙醛、丙酮、苯甲醛各 1 滴，摇匀，放在 80 ℃的水浴中加热，观察并解释发生的变化。

5. 希夫反应

取 3 支试管，各加希夫试剂 1 mL，然后分别加入福尔马林、乙醛、丙酮各 1 滴，摇匀，观察并解释发生的变化。

6. 碘仿反应

取 4 支试管，分别加福尔马林、乙醛、乙醇、丙酮各 1 滴，再各加碘溶液 10 滴，然后分别滴加氢氧化钠溶液，到碘的颜色恰好褪去。观察并解释发生的变化。

四、实验说明

（1）斐林溶液 A 是硫酸铜溶液，斐林 B 溶液是酒石酸钾钠和氢氧化钠的溶液，两者混合而成为深蓝色溶液。斐林试剂和醛反应，由蓝色转绿变黄而生成红色氧化亚铜，甚至进一步转变为金属铜。酮不能和斐林试剂反应。脂肪族醛、α -羟基酮（如还原糖）易被氧化，有斐林反应，芳香族醛、酮通常无斐林反应。

（2）进行托伦反应必须注意：

① 试管壁要十分洁净，否则不能形成明亮的银镜；

② 溶解氧化银的氨水不能过多，否则影响实验效果；

③ 托伦试剂应临时配制，不宜久置，以免生成爆炸性的黑色氮化银(Ag_3N)；

④ 反应物不能直火加热，以免生成爆炸性的雷酸银($Ag_2ON_2C_2$)，其他容易氧化的物质（如糖、多元酚、氨基酚、羟胺等）也有银镜反应。

(3) 希夫试剂由品红溶液加入二氧化硫到桃红色褪尽而成，它与醛反应呈紫红色（注意与原来的颜色不同）。进行希夫反应时应注意：

① 此试剂不能受热，不能呈碱性，否则失去二氧化硫而恢复品红的颜色，应在冷却下或酸性条件下与醛进行反应；

② 一些酮和不饱和化合物与亚硫酸作用使试剂恢复品红原来的颜色（不是紫色），不能认为阳性反应。

(4) 乙醛和甲基酮，以及能氧化生成乙醛和甲基酮的醇都有碘仿反应。反应用样品（如丙酮）不能过多，加碱不能过量，加热不能过久，否则都能使生成的碘仿溶解或分解而干扰反应。

五、思考题

(1) 鉴别醛和酮有哪些方法？

(2) 进行银镜反应应注意什么？

(3) 哪些物质有碘仿反应？进行碘仿反应时应注意什么？

实验八　羧酸、取代羧酸和羧酸衍生物的性质

一、实验目的

(1) 验证羧酸及取代羧酸的主要化学性质，进行羧酸及取代羧酸的鉴别实验。

(2) 验证酰卤、酸酐、酯、酰胺的主要化学性质，进行羧酸衍生物的鉴别实验。

二、实验用品

(1) 仪器　18 mm×150 mm 试管、10 mm×100 mm 试管、150 mL 与 250 mL 烧杯、酒精灯、试管夹、直角夹、锥形烧瓶、小玻璃漏斗、滤纸。

(2) 药品　2 mol/L 的醋酸、一氯醋酸和三氯醋酸、2.5 mol/L、10 mol/L 氢氧化钠、0.1 mol/L、1.5 mol/L 亚硝酸钠、酚酞指示剂、甲基紫指示剂、石灰水、1.5 mol/L 硫酸、饱和食盐水、浓硫酸、水杨酸、甲醇、草酸、乙酰乙酸乙

酯、脲、正丁醇、石蕊试纸、饱和溴水、豆油、乙醇、乙酸乙酯、2.5 mol/L 盐酸、0.3 mol/L 硫酸铜溶液、3 mol/L 脲溶液、0.05 mol/L 三氯化铁。

三、实验内容

1. 氯代酸的酸性增强

在 3 支试管中，分别加入 2 mol/L 醋酸、一氯醋酸和三氯醋酸溶液各 5 滴，用 pH 试纸检验每种酸的酸性，然后往 3 支试管中再各加甲基紫指示剂（$pH = 0.2 \sim 1.5$，黄～绿；$pH = 1.5 \sim 3.2$，绿～紫），观察并解释指示剂颜色的变化。

2. 甲酸的还原性

在试管中加 2 滴甲酸，再加 2.5 mol/L 氢氧化钠溶液至碱性。然后加托伦试剂，在 50 ℃～60 ℃ 水浴中加热数分钟，观察并解释实验结果。

3. 脱羧反应

在大试管中放入 1 g 草酸，装上导气管，夹在铁架上（倾斜，试管底部稍朝上），导气管插入另一支装有石灰水的试管中。加热大试管，观察变化。把导气管口离开石灰水，点燃从管口喷出的气体，观察并解释发生的变化。

4. 酯化反应

在干燥的小锥形瓶中，溶解水杨酸 0.5 g 于 5 mL 甲醇中，加入 10 滴浓硫酸。不断振摇，在水浴中温热 5 min，然后把混合物倒入装有大约 10 g 冰的小烧杯中，充分振摇。注意产品外观和气味，解释实验的结果。

5. 油脂的皂化反应

在大试管中加入豆油 20 滴，乙醇 20 滴，10 mol/L 氢氧化钠溶液 20 滴，振摇使之混匀，把试管放在沸水浴中加热，不断振摇，几分钟后试管内物质混合均匀，皂化反应即告完成。然后加入 10 mL 热的饱和食盐溶液，搅拌，肥皂浮于表面。放冷，过滤。集取肥皂，保留滤液。

取肥皂少许，放入试管中，加 2 mL 蒸馏水，加热振摇使其溶解。然后滴加 1.5 mol/L 硫酸，振摇，使溶液呈酸性，观察并解释实验结果。

取滤液，加入自制的氢氧化铜胶状沉淀（加 2.5 mol/L 氢氧化钠溶液与 0.3 mol/L 硫酸铜液各 5 滴混合而成）振摇，观察并解释所发生的变化。

6. 脲的水解

在试管中加入脲少许，加 1～2 mL 水、1～2 滴 2.5 mol/L 氢氧化钠溶液，试管口放一片湿润的红色石蕊试纸。加热，观察并解释发生的变化。

7. 脲与亚硝酸的反应

在试管中放入 1 mL 3 mol/L 脲溶液、0.5 mL 1.5 mol/L 亚硝酸钠溶液，逐滴加入

1.5 mol/L硫酸，振摇，冷却，注意氮气的放出（从气味、颜色辨别：没有颜色，没有刺激性，不像是亚硝酸分解时产生的 NO 和 NO_2），解释发生的变化。

8. 乙酰乙酸乙酯的互变异构现象

在试管中加入乙酰乙酸乙酯 2 滴，加乙醇 2 mL，再加 0.05 mol/L 三氯化铁溶液 1 滴，注意颜色的变化。再加溴水到颜色刚好消失，注意不久颜色又会重现，观察并解释发生的现象。

四、实验说明

(1) 羧酸一般无还原性，由于甲酸分子中有 $-\overset{\overset{O}{\parallel}}{C}-H$ 结构，草酸分子中有的 $-\overset{\overset{O}{\parallel}}{C}-COOH$ 结构，这两种基团均能被氧化而具有还原性。

$$-\overset{\overset{O}{\parallel}}{C}-H \xrightarrow{[O]} -COOH \qquad HO-\overset{\overset{O}{\parallel}}{C}-COOH \xrightarrow{[O]} CO_2+H_2O$$

(2) 水杨酸与甲醇所生成的酯叫水杨酸甲酯，又叫冬青油，有特殊的香味，是冬青树属植物中的一种香精油。

五、思考题

(1) 如何鉴别甲酸、乙酸和草酸？

(2) 为什么酯化反应要加硫酸？为什么酯的碱性水解比酸性水解效果好？

(3) 油脂水解生成肥皂和甘油，如何证明？

实验九　氨基酸、蛋白质的性质

一、实验目的

(1) 验证氨基酸、蛋白质的主要化学性质。

(2) 进行氨基酸、蛋白质的鉴别试验。

二、实验用品

(1) 仪器　10 mm×100 mm 试管、酒精灯、250 mL 烧杯。

(2) 药品　0.13 mol/L 甘氨酸溶液、蛋白质溶液、茚三酮试剂、浓硝酸、1 mol/L、2.5 mol/L 及 5 mol/L 氢氧化钠溶液、米伦试剂、0.03 mol/L 硫酸铜溶液、饱和硫酸铵溶液、0.02 mol/L 醋酸铅溶液、0.3 mol/L 硝酸银溶液、酪氨酸悬浊液、饱和硫酸铵溶液、蛋白质溶液、蛋白质氯化钠溶液、0.2 mol/L 苯酚溶液、硫酸、2 mol/L 醋酸、0.06 mol/L 硫酸铜溶液、饱和硫酸铜溶液、饱和鞣酸溶液、饱和苦味酸溶液、硫酸铵、醋酸、2.5 mol/L 盐酸。

三、实验内容

1. 颜色反应

1) 茚三酮反应

取 3 支试管，编号，分别加入甘氨酸溶液、酪氨酸悬浊液和蛋白质溶液各 1 mL，然后各加 2～3 滴茚三酮试剂，在沸水中加热 10～15 min，观察并解释发生的变化。

2) 黄蛋白反应

取 4 支试管，编号，分别加入酪氨酸悬浊液和甘氨酸、苯酚、蛋白质溶液各 1 mL，然后各加 6～8 滴浓硝酸，放在沸水浴中加热，观察现象。放冷，往 2、3、4 试管内滴加 5 mol/L 氢氧化钠溶液至碱性，观察并解释发生的变化。

3) 米伦反应

取 4 支试管，编号，分别加入甘氨酸、酪氨酸、苯酚和蛋白质溶液各 3 mL，然后加入米伦试剂 3 滴，置水浴中加热，观察并解释发生的变化。

4) 缩二脲反应

取一支试管，加入蛋白质溶液 1 mL，加入 2.5 mol/L 氢氧化钠溶液 1 mL，硫酸铜溶液 3 滴，观察并解释发生的变化。

2. 蛋白质的可逆沉淀

在试管内加入蛋白质氯化钠溶液和饱和硫酸铵溶液各 3 mL，混合，静置，观察球蛋白沉淀析出。将试管内溶物过滤，往滤液中加硫酸铵晶粉至饱和，观察清蛋白沉淀析出，用两倍量水稀释能溶解，解释上述变化。

3. 蛋白质的不可逆沉淀（变性）

1) 重金属盐沉淀蛋白质

取 3 支试管，编号，各加蛋白质溶液 1 mL，然后分别加入醋酸铅溶液、硫酸铜溶液、硝酸银溶液各 2 滴，观察并解释发生的变化。在 1、2 试管中，分别滴加过量的醋酸铅溶液和饱和硫酸铜溶液，观察并解释所发生的变化。

2）生物碱沉淀试剂沉淀蛋白质

取试管两支，各加蛋白质溶液 1 mL，再各加醋酸 2 滴，使之酸化。然后分别加入饱和鞣酸溶液、饱和苦味酸溶液试剂各 2 滴。如无沉淀，继续加少许试剂，观察并解释产生的变化。

4. 蛋白质的两性反应

取两支试管，各加蛋白质溶液 1 mL。1 试管加 2.5 mol/L 盐酸 10 滴，2 试管加 1 mol/L 氢氧化钠溶液 10 滴。再沿 1 试管壁慢慢加入 1 mol/L 氢氧化钠 1 mL，不要摇动，即分成上下两层，观察在两层交界处发生的现象；2 试管按同法加入 2.5 mol/L 盐酸 1 mL，观察在两层交界处发生的现象。解释上述现象。

四、实验说明

（1）茚三酮反应是所有 α-氨基酸和多肽、蛋白质共有的反应，反应很灵敏，在 pH 5～7 的溶液中反应最好。除脯氨酸及羟脯氨酸与茚三酮反应产生黄色外，其余均为蓝紫色。使用酪氨酸悬浊液时应摇匀。

（2）黄蛋白反应是含芳环的氨基酸（如 α-氨基苯丙酸）、酪氨酸、色氨酸及含有这些氨基酸残基的蛋白质所特有的颜色反应。

（3）米伦反应是含酚羟基的酪氨酸及含有酪氨酸残基的蛋白质的颜色反应。凡能与米伦试剂反应的蛋白质，其分子必有酪氨酸残基。

（4）缩二脲反应是任何多肽、蛋白质所共有的颜色反应，因为这类分子中含有多个肽键，所生成的紫色物质是含铜的配合物。

（5）用硫酸铵使蛋白质沉淀，就是通常所说的盐析。用一种盐来进行蛋白质的盐析时，不同的蛋白质需要不同的浓度。例如，鸡蛋白溶液中含清蛋白与球蛋白，加硫酸镁和氯化钠到饱和，或加硫酸铵到半饱和，则球蛋白沉淀析出。在等电点时，清蛋白可被饱和硫酸镁或氯化钠或饱和硫酸铵溶液所沉淀，这就是蛋白质的分段盐析。

（6）蛋白质常以其可溶性的钠、钾盐的形式存在，遇到重金属离子，就转变成蛋白质的重金属盐而沉淀，同时引起蛋白质变性，在生化分析上常用重金属盐除去溶液中的蛋白质。用某些重金属盐（如硫酸铜和醋酸铅）沉淀蛋白质时，不可过量，否则过多的铜离子和铅离子将被吸附在沉淀上而使沉淀溶解。

（7）用生物碱沉淀试剂能沉淀蛋白质，这是因为生物碱和蛋白质都有类似的含氮基团。这类反应在弱酸性环境中容易进行，这时蛋白质以正离子形式与试剂的负离子发生反应，产生不溶性复盐。

五、思考题

（1）蛋白质有哪些颜色反应和沉淀反应？对蛋白质的分离与鉴别有什么意义？

（2）黄蛋白反应、米伦反应、缩二脲反应对蛋白质的组成能说明什么？

（3）同一种浓度的电解质能否使各种蛋白质都产生盐析？分段盐析对蛋白质的分离纯化有什么意义？

实验十　糖的化学性质

一、实验目的

（1）验证糖类物质的主要化学性质。

（2）进行糖类物质的鉴别试验。

二、实验用品

（1）仪器　18 mm×150 mm 试管、10 mm×100 mm 试管、250 mL 烧杯、酒精灯、显微镜、表面皿、玻璃棒。

（2）药品　pH 试纸、0.5 mol/L、0.1 mol/L 果糖溶液、0.3 mol/L、0.06 mol/L 蔗糖溶液、班氏试剂、托伦试剂、浓硫酸、塞利凡诺夫试剂、浓盐酸、酒精-乙醚（体积比 1∶3）、斐林试剂 A 和 B、0.5 mol/L、0.1 mol/L 葡萄糖溶液、0.3 mol/L、0.06 mol/L 麦芽糖溶液溶液、100 g/L、20 g/L 淀粉溶液、莫立许试剂、碘溶液、苯肼试剂、1.8 mol/L 醋酸钠溶液、2.5 mol/L 氢氧化钠溶液。

三、实验内容

1. 糖的还原性

1）与斐林试剂的反应

取斐林溶液 A 和 B 各 2.5 mL 混合均匀后，分装于 5 支试管内，编号，放在水浴中温热。再分别滴加 0.1 mol/L 葡萄糖、0.1 mol/L 果糖、0.06 mol/L 麦芽糖、0.06 mol/L 蔗糖溶液和 20 g/L 淀粉溶液各 5 滴，摇匀，放在水浴中加热 2～3 min，观察并解释发生的变化。

2）与班氏试剂的反应

取 5 支试管，编号。各加班氏试剂 1 mL，用小火微微加热至沸，再分别加入上述中的各种糖溶液和淀粉溶液各 5 滴，摇匀，放在水浴中加热 2～3 min，观察并解释发生的变化。

3）与托伦试剂的反应

取管壁干净的 5 支试管，编号。各加托伦试剂 2 mL，再分别加入上述各种糖溶液和淀粉溶液各 5 滴，把试管放在 60 ℃ 的热水浴中加热数分钟，观察并解释发生的变化。

2. 糖的颜色反应

1）莫立许反应

取 5 支试管，编号，分别加入 0.5 mol/L 葡萄糖和果糖，0.3 mol/L 麦芽糖、蔗糖和 100 g/L 淀粉各 1 mL，再各加 2 滴莫立许试剂，摇匀。把盛有糖溶液的试管倾斜成 45°，沿管壁慢慢加入浓硫酸 1 mL，使硫酸与糖溶液之间有明显的分层，观察两层之间的颜色变化。数分钟内如无颜色出现，可在水浴上温热再观察变化（注意不要振动试管），并加以解释。

2）塞利凡诺夫反应

取 5 支试管，编号，各加塞利凡诺夫试剂 1 mL，再分别加入上述 0.1 mol/L 葡萄糖、果糖、0.06 mol/L 麦芽糖、蔗糖和 20 g/L 淀粉溶液各 5 滴，摇匀，浸在沸水浴数分钟。观察并解释发生的变化。

3）淀粉与碘的反应

往试管中加水 4 mL、1 滴碘液和 1 滴 20 g/L 淀粉溶液，观察颜色变化。将此溶液稀释到浅蓝色，加热，再冷却，观察并解释发生的变化。

3. 蔗糖与淀粉的水解

（1）在试管中加入 0.3 mol/L 蔗糖溶液 4 mL，浓盐酸 1 滴，摇匀，放在沸水浴中加热 3～5 min。放冷，取出 2 mL，用氢氧化钠溶液中和至弱酸性，加班氏试剂 1 mL，摇匀，放在水浴中加热，观察并解释发生的变化。

（2）在试管中加入 20 g/L 淀粉溶液 4 mL，浓盐酸 2 滴，摇匀。放在沸水浴中加热，取出少许，用碘溶液试验不变色；取出 2 mL，用氢氧化钠溶液中和至弱碱性，加班氏试剂 1 mL，摇匀，放在水浴中加热，观察并解释发生的变化。

四、实验说明

（1）班氏试剂比较稳定，可以贮存，而且遇还原糖时反应灵敏。

（2）莫立许反应很灵敏，但不专一，不少非糖物质也能得到阳性结果，所以反应阳性不一定是糖，而反应阴性则肯定不是糖。糖与无机酸作用生成糠醛及其衍生物，莫立许试剂中的 α-萘酚与它起缩合反应而生成紫色化合物。

（3）塞利凡诺夫试剂是间苯二酚的盐溶液。与己糖共热后，先生成 5-羟甲基糠醛，后者与间苯二酚缩合生成分子式为 $C_{12}H_{10}O_4$ 的化合物。由于在同样条件下，就 5-羟甲基糠醛的生成速度而言，酮糖比醛糖快 15～20 倍，所以在短时间内酮糖已呈红色而醛糖还未变，可用来鉴别酮糖。

五、思考题

（1）用什么方法可证明化合物是糖、还原糖或非还原糖、醛糖或酮糖？

（2）在糖的还原性试验中，蔗糖与斐林试剂、班氏试剂或托伦试剂长时间加热后，也可能会得到阳性结果，这是什么原因？

（3）斐林试剂与班氏试剂有哪些异同点？

实验十一　乙酸乙酯的制备

一、实验目的

（1）了解从有机酸合成酯的一般原理及方法。

（2）掌握蒸馏、分液漏斗的使用等操作。

二、实验原理

羧酸和醇在少量浓硫酸催化下发生酯化反应而生成酯。

$$CH_3COOH + CH_3CH_2OH \xrightarrow{\text{酯化}} CH_3COOCH_2CH_3 + H_2O$$

生成的酯可以水解成羧酸和醇，所以酯化反应是可逆反应，硫酸能催化此过程较快地达到平衡。当反应达到平衡时，只有 2/3 的酸和醇能转变为酯。为了提高酯的产率，可采用下列措施：

① 增加酸或醇的用量；

② 加浓硫酸把生成物之一的水吸收除去；

③ 在反应时不断移去生成的酯。

在本实验中，乙醇比乙酸便宜，所以乙醇是过量的。生成的乙酸乙酯随即被蒸馏而出，以破坏平衡。

三、实验用品

（1）仪器　150 mL 三颈烧瓶、250 mL 直形冷凝管、125 mL 分液漏斗、100 ℃及 200 ℃温度计、接液管、500 W 电炉、锥形瓶。

（2）药品　乙醇（30 mL，0.488 mol/L）、冰醋酸（20 mL，21 g，0.348 mol/L）、浓盐

酸、饱和食盐水、无水硫酸镁、150 刺形分馏柱、60 mL 蒸馏烧瓶、60 mL 分液漏斗、50 mL 锥形烧瓶、砂浴盘、2 mol/L 碳酸钠溶液、4.5 mol/L 氯化钙溶液。

四、实验内容

在 150 mL 三颈烧瓶中，放入乙醇 10 mL，在振摇下分次加入 10 mL 浓硫酸，混合均匀，加入 2～3 粒沸石。瓶口两侧装置温度计和分液漏斗，它们的末端均应浸入液体中。烧瓶口装置刺形分馏柱，它的上端用软木塞封闭，它的支管与冷凝管连接，最后是接受瓶。装置完毕，在砂浴中小心加热，反应温度为 110 ℃时，已有液体蒸出。在此温度下，将 20 mL 冰醋酸与 20 mL 乙醇的混合物由分液漏斗慢慢滴入反应瓶中（约 70 min 滴完）。反应温度保持在 110 ℃～120 ℃。滴完后继续保温 120 ℃共 10 min。把收集到的馏液放在分液漏斗中，以 10 mL饱和食盐水洗涤，分离下面的水层后，上层液体再用 20 mL 的 2 mol/L 碳酸钠溶液洗涤，一直洗到上层液体 pH＝7～8 为止。然后再用 10 mL 水洗一次，用 10 mL 的 4.5 mol/L 氯化钠洗两次。静置，弃去下面水层，上面酯层自分液漏斗上口倒入干燥的 50 mL 锥形瓶中，加适量无水硫酸镁（或无水硫酸钠）干燥，加塞，放置，直至液体澄清，得到乙酸乙酯粗品。通过漏斗把乙酸乙酯粗品滤入60 mL 蒸馏烧瓶中，加沸石，在水浴上加热蒸馏，用已知重量的 50 mL 锥形烧瓶收集 73 ℃～78 ℃的馏液，称重、密塞、贴上标签，计算产率，装置如图 3－12 所示。

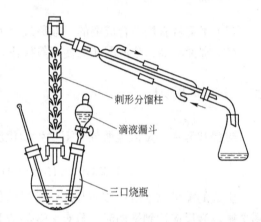

刺形分馏柱

滴液漏斗

三口烧瓶

图 3－12 乙酸乙酯的制备装置

五、实验说明

（1）理论产量按冰醋酸计算。乙酸乙酯的分子量为 88.10，冰醋酸用量为 0.348 mol/L，理论产量为

$$0.348×88.10＝33.66(g)$$

$$产率（或称收率、收得率）＝\frac{实际产率}{理论产率}×100\%$$

（2）反应温度必须严格控制在 110 ℃～120 ℃，温度低反应不完全，温度过高会增多副

产物（如乙醚）而降低酯的产量。

（3）温度计的水银球部分应距离烧瓶底约 1 cm，才能正确指示温度。分液漏斗的末端应插入反应物液面以下约 1 cm（如漏斗的末端不够长，可用橡皮管接上一段玻璃）。若在液面之上，滴入的乙醇受热蒸发，不能参与反应，影响产量；若插入太深，因压力关系有可能使反应物难以滴入。

（4）要控制从分液漏斗滴入反应物的速度，使与馏液蒸出的速度大体保持同步。如滴加太快会使醋酸和乙醇来不及作用而被蒸出，或使反应物温度迅速下降，两者都将影响产量。

（5）乙酸乙酯粗品须经一系列的洗涤，其目的有：

① 乙酸乙酯粗品中尚含少量乙醇、乙醚、醋酸和水，用饱和食盐水可洗去部分乙醇和醋酸等水溶性杂质，同时可以减少乙酸乙酯在水中的溶解损失；

② 碳酸钠溶液可洗去残留在酯中的酸性物质，如醋酸；

③ 用水洗去酯中留存的碳酸钠，否则，后面用氯化钙溶液洗去酯中的乙醇时，将产生碳酸钙沉淀而造成分离的困难；

④ 用 4.5 mol/L 的氯化钙洗去混在酯中的乙醇。

六、思考题

（1）酯化反应有什么特点？本实验采取哪些措施使反应尽量向正反应方向完成？

（2）本实验有哪些副反应？生成哪些副产物？乙酸乙酯粗品可能有哪些杂质？如何除去？

（3）在酯化反应中用作催化剂的硫酸，一般只需醇重量的 3%，本实验为什么多用了大约一倍？

（4）如果采用醋酸过量是否可以？为什么？

实验十二　从茶叶中提取咖啡因

咖啡因具有刺激心脏、兴奋大脑神经和利尿等作用，因此可用作中枢神经兴奋药。它也是复方阿司匹林（APC）等药物的组分之一。

咖啡因是一种生物碱，其构造式为

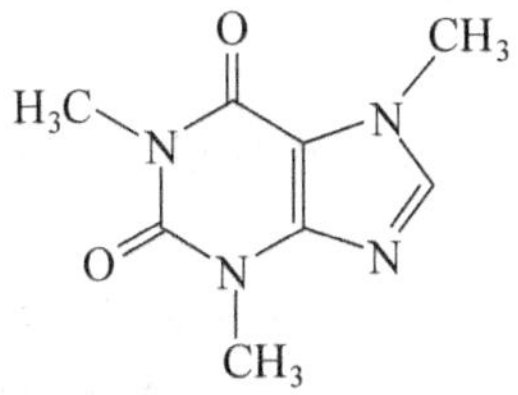

咖啡因

1,3,7-三甲基 - 2,6-二氧嘌呤

咖啡因易溶于氯仿(12.5％)，水(2％)及乙醇(2％)等。含结晶水的咖啡因为无色针状晶体，在 100 ℃时即失去结晶水，并开始升华，在 120 ℃升华显著，178 ℃升华很快。

一、实验目的

(1) 学习生物碱的提取方法。
(2) 了解咖啡因的性质。
(3) 学习脂肪提取器的作用和使用方法。

二、实验原理

茶叶中含有咖啡因，约占 1％～5％，另外还含有 11％～12％的丹宁酸(鞣酸)，0.6％的色素、纤维素、蛋白质等。为了提取茶叶中的咖啡因，可用适当的溶剂(如乙醇、氯仿等)在脂肪提取器中连续萃取，然后蒸去溶剂，即得粗咖啡因。粗咖啡因中还含有其他一些生物碱和杂质(如单宁酸)等，可利用升华法进一步提纯。

三、实验用品

(1) 仪器 脂肪提取器一套，普通漏斗，三角架，石棉网，酒精灯，砂浴锅，蒸发皿，研钵，滤纸，水浴锅，蒸馏装置一套，玻璃棒，刀、剪、锥各一把。
(2) 药品 茶叶 20 g、95％乙醇 500 mL、生碳(CaO)、Na_2CO_3、NaOH，氯仿($CHCl_3$)。

四、实验步骤

1. 粗提
(1) 仪器安装。采用脂肪提取器(如图 3 - 13 所示)。
(2) 连续萃取。称取 10 g 茶叶，研细，用滤纸包好，放入脂肪提取器的套筒中，用 75 mL 95％乙醇水浴加热连续萃取，直到提取液颜色较浅为止(约 2～3h)。
(3) 蒸馏浓缩。待刚好发生虹吸后，把装置改为蒸馏装置，蒸出大部分乙醇。
(4) 加碱中和。趁热将残余物倾入蒸发皿中，拌入 3～4 g 生石灰，使成糊状。蒸汽浴加热，在不断搅拌下蒸干。
(5) 焙炒除水。将蒸发皿放在石棉网上，压碎块状物，小火焙炒，除尽水分。

2. 纯化
(1) 仪器安装。安装升华装置。用滤纸罩在蒸发皿上，并在滤纸上扎一些小孔(向一个方向)，再罩上口径合适的玻璃漏斗，漏斗颈部塞一小团疏松的棉花(如图 3 - 14 所示)。

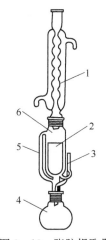

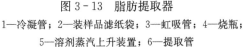

图 3-13　脂肪提取器

1—冷凝管；2—装样品滤纸袋；3—虹吸管；4—烧瓶；

5—溶剂蒸汽上升装置；6—提取管

图 3-14　升华少量物质的装置

（2）初次升华。220 ℃砂浴升华，刮下咖啡因。

（3）再次升华。残渣经拌和后升高砂浴温度升华，合并咖啡因。

3. 检验

称重后测定熔点。纯净咖啡因熔点为 234.5 ℃。

五、实验说明

（1）脂肪提取器是利用溶剂回流和虹吸原理，使固体物质连续不断地为纯溶剂所萃取的仪器。溶剂沸腾时，其蒸汽通过侧管上升，被冷凝管冷凝成液体，滴入套筒中，浸润固体物质，使之溶于溶剂中，当套筒内溶剂液面超过虹吸管的最高处时，即发生虹吸，流入烧瓶中。通过反复的回流和虹吸，从而将固体物质富集在烧瓶中。脂肪提取器为配套仪器，其任一部件损坏将会导致整套仪器的报废，特别是虹吸管极易折断，所以在安装仪器和实验过程中须特别小心。

（2）用滤纸包茶叶末时要严实，防止茶叶末漏出堵塞虹吸管；滤纸包大小要合适，既能紧贴套管内壁，又能方便取放，且其高度不能超出虹吸管高度。

（3）若套筒内萃取液色浅，即可停止萃取。

（4）浓缩萃取液时不可蒸得太干，以防转移损失；否则因残液很粘而难于转移，造成损失。

（5）拌入生石灰要均匀，生石灰的作用除吸水外，还可中和除去部分酸性杂质（如鞣酸）。

（6）升华过程中要控制好温度。若温度太低，升华速度较慢；若温度太高，会使产物发黄（分解）。

    （7）刮下咖啡因时要小心操作，防止混入杂质。

六、思考题

    （1）本实验中使用生石灰的作用有哪些？

    （2）除可用乙醇萃取咖啡因外，还可采用哪些溶剂萃取？

第4章 分析化学部分

实验一 分析天平的称量练习

一、实验目的

(1) 观察分析天平结构,知道天平主要部件的名称和作用。
(2) 学会检查天平的灵敏度、零点,学会调节水平、零点等。
(3) 学会分析天平的使用方法。
(4) 熟悉直接称量、减量称量和固定称量的方法。

二、实验原理

双盘全机械加码电光天平,$1\sim9$ g、$10\sim190$ g 可旋转指数盘增减砝码,$10\sim990$ mg 可以旋转指数盘增减圈码,$0.1\sim10$ mg 则由投影屏标尺读出。

双盘半机械加码电光天平,1 g 以上的砝码从砝码盒中取加,$10\sim990$ mg 可以旋转指数盘增减圈码,$0.1\sim10$ mg 则由投影屏标尺读出。

单盘电光天平,100 mg 以上的砝码,可旋动减码手轮进行减码,$1\sim100$ mg 可由投影屏标尺读取,不足 1 mg 则由微读数字窗口读出。

三、实验用品

(1) 仪器 双盘电光天平(TG-328A 型、TG-328B 型)、单盘电光天平(DT-100 型)、称量瓶(或称量纸)、小烧杯(50 mL)、表面皿、干燥器或干燥箱。
(2) 药品 NaCl(供称量练习用)。

四、操作步骤

(1) 观察天平的结构。在教师的指导下观察天平的结构,说出各部件的名称和作用。
(2) 观察天平底盘是否处于水平位置。如不水平,可调节天平箱前下方两个天平螺旋脚，使水准器内的水平泡恰好在圆中央。

（3）检查天平各部件是否处于正常状态，砝码、圈码是否齐全。打开天平箱侧门，用软毛刷轻扫秤盘及天平箱内的灰尘。

（4）天平零点的调节。在天平两盘空载时，轻轻开启天平，待指针停稳后，观察投影屏上的读数标线与微分标尺上的"0"刻线是否重合。如相差较小，可用天平底座下面的调零杆进行调节，使之重合；如相差较大，须用横梁上的平衡螺丝进行调节。操作方法如下所述。

开启天平，如微分标尺"0"刻线移向投影屏标线左侧，表明天平左盘重，关闭天平，将天平梁上的右侧的平衡螺丝向右移动；若微分标尺"0"刻线移向投影屏标线右侧，表明天平右盘重，关闭天平，将天平上右侧的平衡螺丝向左移动（移动左侧平衡螺丝易碰掉圈码）。如此反复调节，接近"0"刻线时用调零杆调节，直至标线与"0"刻线重合，天平零点即调整合适。

（5）天平灵敏度的调节。先调整好天平零点，然后在天平左盘上加一个校准过的 10 mg 标准砝码，开启天平，观察投影屏上的标线是否与微分标尺 10 mg 刻度相重合，允许误差为 0.1 mg。相差较大时，可在教师指导下调节重心螺丝，操作方法如下所述。

如投影屏显示的数字不足 10 mg，表明灵敏度低，可将重心螺丝上移，如此反复操作，直至投影屏上显示 10 mg 或 10 ± 0.1 mg 时为止。灵敏度调节合适之后，须重新调节零点。一般使用天平时，不要求调节灵敏度，必要时应在教师指导下进行。

（6）称量练习。称量主要有直接称量法、减量称量法和固定称量法。

有些固体试样没有吸湿性，在空气中性质稳定，可用直接法称量。称量时，在左盘放已称过质量的表面皿或其他容器，根据所需试样的质量，在右盘上放好砝码，再用角匙将固体试样逐渐加到表面皿或其他容器中，直到天平平衡为止。

用直接称量法称量练习。

① 调整天平零点。

② 取一洁净、干燥的小烧杯，先用托盘天平粗称其质量（准确到 0.1 g），记在记录本上。然后进一步在分析天平上精确称量，将小烧杯置于天平右盘中央，左盘加砝码、圈码，半开升降旋钮试称，直至指针缓慢摆动，并且投影屏上的标线指在微分标尺 0～10 mg 范围以内时，将天平开关旋至最大，等待天平静止后，记录小烧杯的质量（称量值应读准至小数点后 4 位）。

有些试样易吸水或在空气中性质不稳定，可用差减法来称取。粗称后再在天平上准确称量，设称得质量为 W_1。再从称量瓶中倾倒出一部分试样于容器内，然后再准确称量，设称得质量为 W_2。前后两次称量之差，W_1-W_2，即为所取出的试样质量 P_1（$P_1=W_1-W_2$）。减量称量法又叫差减法。用差减法称量练习：称取 NaCl 3 份，每份 0.2～0.4 g，然后按以下步骤进行操作。

① 取一洁净、空的称量瓶，装入适量 NaCl，准确称其总质量（先粗称，后精称），记录

称量值 W_1。

② 关闭天平,在指数盘上减去约 0.3 g 圈码。

③ 将称量瓶拿到小烧杯或锥形瓶的上方,轻轻敲称量瓶的上方敲出少量药品后(不准药品落到容器外面),再放到天平上称量,如此反复操作,直到指针缓慢移动时,将天平开关全部打开,待指针完全静止后,记录称量值 W_2。

④ 按上述②、③的操作,分别称取第 2 份、第 3 份 NaCl,并分别记录称取值 W_3、W_4。

用固定称量法称取 NaCl 3 份,每份 $0.2\sim0.4$ g,然后按以下步骤进行操作。

① 调整天平零点。

② 取一称量瓶(或称量纸),先用托盘天平粗称其质量(准确到 0.1 g),记在记录本上。然后进一步在分析天平上精确称量,将称量瓶(纸)置于天平右盘中央,左盘加砝码、圈码,半开升降旋钮试称,直至指针缓慢摆动,并且投影屏上的标线指在微分标尺 $0\sim10$ mg 范围以内时,将天平开关旋至最大,等待天平静止后,记录称量瓶(纸)的质量 W_1(称量值应读准至小数点后 4 位)。

③ 关闭天平,在指数盘上加上约 0.3 g 圈码(一般准确至 10 mg 即可),然后用药匙向右盘上称量瓶(纸)内逐渐加入 NaCl,半开天平进行试重。直到所加试样只差很小质量时,便可全开天平,极其小心地用右手持盛有试样的药匙,伸向称量瓶(纸)中心部位上方约 $2\sim3$ cm 处,用右手拇指、中指及掌心拿稳药匙,用食指轻弹(最好是摩擦)药匙,让勺里的试样以非常缓慢的速度抖入到称量瓶(纸)内;同时还要注视微分标尺投影屏,待微分标尺正好移动到所需要的刻度时,立即停止抖入试样,记录称量值 W_2。

④ 按上述②、③的操作,分别称取第 2 份、第 3 份 NaCl,并分别记录称取值 W_3、W_4、W_5、W_6。

五、实验结果

1) 直接称量法称量记录

小烧杯质量 $m=$ _____ g。

2) 减量称量法称量记录

用减量称量法称量结果填入表 4-1。

表 4-1 减量称量法称量记录

测 定 份 数	第 1 份	第 2 份	第 3 份
称量瓶＋NaCl/g	$W_1=$	$W_2=$	$W_3=$
倒出 NaCl 后/g	$W_2=$	$W_3=$	$W_4=$
称取 NaCl/g	$P_1=$	$P_2=$	$P_3=$

3）固定称量法称量记录

固定称量法称量记录结果填入表 4 - 2。

表 4 - 2　固定称量法称量记录

测定份数	第 1 份	第 2 份	第 3 份
称量瓶(纸)＋NaCl/g	$W_2=$	$W_4=$	$W_6=$
称量瓶(纸)/g	$W_1=$	$W_3=$	$W_5=$
称取 NaCl/g	$P_1=$	$P_2=$	$P_3=$

六、注意事项

（1）实验前，必须认真预习本实验有关内容，严格遵守天平的操作规程。

（2）若天平出现故障或调不到零点时，应及时报告指导教师，不要擅自处理。

（3）不能称量热的物品。

（4）化学药品不能直接放在托盘上。应根据情况决定称量物放在已称量的洁净的表面皿、烧杯或光洁的称量纸上。

七、思考题

（1）为什么开启天平后，不能在秤盘上取放被称物或加减砝码？

（2）使用双盘全机械加码电光天平称量试样时，其称量数值应读准至小数点后几位？

（3）为了保护玛瑙刀口，操作中应注意哪几点？

实验二　滴定分析仪器的洗涤和使用练习

一、实验目的

（1）学习滴定分析仪器的洗涤方法。

（2）掌握滴定管、移液管及容量瓶的操作方法。

（3）学会铬酸洗涤液的配制及其使用方法。

（4）初步掌握滴定操作及滴定终点的观察。

二、实验原理

滴定分析法是将一种已知准确浓度的标准溶液滴加到被测试样的溶液中，或将待标溶液滴加到已知准确浓度的溶液中，直到反应完全为止，然后根据标准溶液的浓度和消耗的体积求得被测试样中组分含量的一种分析方法。

准确测量溶液的体积是获得良好分析结果的重要前提之一，为此必须学会正确使用滴定分析仪器，掌握滴定管、移液管和容量瓶的操作技术。

本次实验是按照滴定分析仪器的使用操作规程，进行滴定操作和移液管、容量瓶的使用练习。

三、实验用品

(1) 仪器　托盘天平、酸式滴定管(50 mL)、碱式滴定管(50 mL)、锥形瓶(250 mL)、移液管(25 mL)、吸量管、量筒(100 mL)、烧杯(100 mL)、容量瓶(100 mL)、试剂瓶(250 mL)、研钵、洗耳球。

(2) 试剂　氢氧化钠溶液(0.1 mol/L)、盐酸溶液(0.1 mol/L)、酚酞指示剂(0.1%)、甲基橙指示剂(0.1%)、重铬酸钾(C.P)、氯化钠、浓硫酸(工业用)。

四、实验内容

1. 滴定分析仪器的洗涤

滴定方法中常用滴定管、移液管、容量瓶、烧杯等，在使用之前必须洗干净，洗涤时可根据情况选择不同的方法。

(1) 一般洗涤可先用自来水冲洗，必要时可用毛刷刷洗，然后再用蒸馏水荡洗 3 次，方能使用。

(2) 对沾有油污等较脏的仪器，可用毛刷沾些肥皂液或洗衣粉水刷洗，然后用自来水冲洗干净，最后用蒸馏水荡洗。

(3) 对一些用上述方法仍不能洗涤干净的容器，可用铬酸洗涤液。

附：铬酸洗涤液的配制

量取工业用浓硫酸 100 mL 于烧杯中，加热(注意不得加热至冒烟)称取工业用重铬酸钾 5 g，研细后，慢慢倒入热硫酸中，边倒边搅拌，溶液呈暗褐色，冷后贮于试剂瓶中。(可参考附录表 D-9 几种常用洗液的配制及其使用)

取重铬酸钾固体少许，置小烧杯中，加水约 20 mL，搅拌使溶解后，定量转移到 100 mL 容量瓶中，稀释至刻线，摇匀。

（4）使用洗涤液的方法和注意事项。

① 滴定管的洗涤，分以下两种情况。

酸式滴定管可倒入铬酸洗涤液 10 mL 左右（注入洗液的量约为仪器总量的 1/5），把管子横过来，两手平端滴定管转动，直至洗液沾满管壁，直立，将洗涤液从管尖放出。

碱式滴定管则需将橡皮管取下，换上旧橡皮滴头，用小烧杯接在管下部，然后倒入洗涤液。洗涤液用后仍倒回原瓶内，可继续使用。用洗涤液洗过的滴定管先用自来水充分洗净后，再用适量蒸馏水荡洗 2～3 次，将管内的水倒出后，管的内壁不挂水珠，则可使用。

② 容量瓶的洗涤。倒入少许洗涤液摇动或浸泡，然后洗涤液倒回原瓶。先用自来水充分洗涤后，再用适量蒸馏水荡洗 3 次。

③ 移液管的洗涤。用洗耳球吸取少量洗涤液于移液管中，横放并转动至管内壁均沾上洗液，直立，将洗涤液自管尖放回原瓶。用自来水充分洗净后，再用蒸馏水淋洗 3 次。

应当注意的是，碱式滴定管的玻璃尖嘴及玻璃珠用洗涤液洗过后，用自来水冲洗几次后再装好，这时，用自来水和蒸馏水洗涤滴定管时要从管尖放出，并且改变捏的位置，使玻璃珠各部位都得到充分洗涤。

洗液有很强的腐蚀性，能灼伤皮肤和腐蚀衣物，使用时需格外小心，如不慎将洗液溅到皮肤、衣物上或洒在实验台上，应立即用水冲洗。

如果洗液已变为绿色，已不再具有去污能力，则不能继续使用。

洗涤干净的仪器不可再用布或纸擦拭，以免沾污仪器。

2. 滴定管基本操作

步骤如下所述。

（1）检查滴定管是否漏水。

（2）涂凡士林。将酸式滴定管活塞取下，用滤纸将活塞和活塞套的水吸干，在活塞粗端和活塞套的细端分别涂一薄层凡士林，小心不要涂在孔边以防堵塞孔眼，然后将活塞放入活塞套内，沿一个方向旋转，直至透明为止。最后应在活塞末端套一橡皮圈以防使用时将活塞顶出。

若活塞孔或玻璃尖嘴被凡士林堵塞时，可将滴定管充满水后，将活塞打开，用洗耳球在滴定管上部挤压、鼓气，可将凡士林排出。练习并学会涂凡士林。

（3）滴定管的洗涤。取酸式滴定管和碱式滴定管各一支，用本章中讲述的方法练习将其洗涤干净。

（4）练习装溶液。

① 先用蒸馏水练习装溶液，然后用试剂瓶直接倒入 HCl 滴定液，每次倒入 3～5 mL，润洗 2～3 次，让部分溶液从下端尖嘴流出。

② 滴定管装满后，除去管内的气泡，对于酸式滴定管可迅速转动活塞，使溶液急速下流，将气泡带走；对于碱式滴定管，可将橡皮管向上弯曲并在稍高于玻璃珠处用两手指挤压玻璃珠，使溶液从尖嘴处喷出，即可排除气泡，注意不要捏挤玻璃珠下方的橡皮管，否则空

气进入形成气泡。

③ 在滴定管下端尖嘴放出管内多余的溶液,使管内滴定液弯月面下缘最低点与"0.00"刻线相切。

④ 用上述同样的方法,练习向碱式滴定管中加 NaOH 溶液。

(5) 滴定操作练习。

① 用右手拿锥形瓶,左手控制酸式滴定管的活塞,向锥形瓶中放入 20.00 mL 0.1 mol/L HCl 溶液,加两滴酚酞指示剂,用 NaOH 溶液滴定,右手不断地旋摇锥形瓶,近终点时,用洗瓶冲洗锥形瓶的内壁,使沾在壁上的溶液都流入溶液中,充分反应。滴定至溶液由无色变为淡红色,且在半分钟内不消失即为终点。过 1~2 min 后,记录消耗 NaOH 溶液的体积,平行滴定 3 次。

② 用移液管准确吸取 25.00 mL 0.1 mol/L NaOH 溶液,置于锥形瓶中,加两滴甲基橙指示剂,溶液呈黄色,用 HCl 溶液滴定至溶液由黄色变为橙色为终点。记录消耗 HCl 溶液的体积。平行滴定 3 次。

(6) 滴定管的读数。

① 每次的初读数应为 0.00 mL,末读数应精确读至 0.01 mL(即小数点后两位),读数时眼睛要与溶液弯月面下缘水平,读取切点的刻度。

② 对于有色溶液,如 KMnO_4 溶液,弯月面不够清晰,可以观察液面的上缘,读出与之相切的刻度。注意初读数与终读数采用同一标准。

③ 使用"蓝线"滴定管时,溶液体积的读数与上述方法不同,在这种滴定管中,液面呈现三角交叉点,读取交叉点与刻度相切之处的读数。

④ 在装满或放出溶液后,必须静置 1~2 min 后,使附在内壁上的溶液流下来以后才能读数。如果放出液体较慢(如接近计量点时就是这样),也可静置 0.5~1 min 即可读数。

⑤ 练习完毕将滴定管洗净,使尖嘴向上夹在滴定管架上。

3. 容量瓶基本操作

步骤如下所述。

(1) 检查容量瓶是否漏水。

(2) 洗涤容量瓶。

(3) 练习向容量瓶中转移溶液,可以用自来水或蒸馏水代替溶液作练习。

① 用固体物质配制溶液,先准确称取固体物质置于小烧杯中溶解,再将溶液定量转移至容量瓶中。转移时,要使玻璃棒的下端靠近瓶颈内壁,使溶液沿玻璃棒及瓶颈内壁流下(注意玻璃棒不要与容量瓶瓶嘴接触,否则溶液会流出容量瓶),溶液全部流完后,将烧杯沿玻璃棒上移,同时直立,使附着在玻璃棒与烧杯嘴之间的溶液流向烧杯中。然后用蒸馏水洗涤烧杯 3 次,洗涤液一并转入容量瓶。然后用蒸馏水稀释至容积 2/3 处,摇动容量瓶,使溶液混合均匀,继续加水,加至近标线时,要慢慢滴加,直至溶液的弯月面与标线相切为止。

② 用浓溶液配制溶液,则用移液管或吸量管吸取一定体积的浓溶液移入容量瓶,按上

述方法稀释至标线。

(4) 练习混匀溶液的操作。盖紧瓶塞,将容量瓶反复倒转 10～20 次,使溶液充分混匀。

4. 移液管基本操作

步骤如下所述。

(1) 洗涤移液管,并练习润洗移液管的操作方法。

(2) 反复练习并学会移取溶液的操作。步骤如下所述。

① 第一次用洗净的移液管吸取溶液时,应先用滤纸将尖端内外的水吸净,否则会因水滴引入改变溶液的浓度。然后用少量所要移取的溶液将移液管润洗 2～3 次。

② 移取溶液时,一般用右手的大拇指和中指拿住颈标线上方的玻璃管,将下端插入溶液中1～2 cm。插入太深会使管外沾附溶液过多,影响量取的溶液体积的准确性;太浅会产生空吸。

③ 左手拿洗耳球,先把球内空气压出,然后把球的尖端接在移液管顶口,慢慢松开洗耳球使溶液吸入管内。当液面升高到刻度以上时移去洗耳球,立即用右手的食指按住管口,将移液管提离液面,并将原插入溶液的部分沿待吸液容器内壁轻转两圈(或用滤纸擦干移液管下端)以除去管壁上沾附的溶液,然后转动移液管,使液面缓慢下降,直至溶液的弯月面与标线相切,立刻用食指压紧管口。

④ 取出移液管,把准备承接溶液的容器倾斜 45°左右,将移液管移入容器中,使管垂直,管尖靠着容器内壁,松开食指,让管内溶液自然地沿器壁流下,流完后再左右转动约 15 s,取出移液管。

⑤ 注意不要把残留在管尖内的溶液吹出,因为在校正移液管时,已考虑了所保留的溶液体积,并未将这部分液体体积计算在内。

⑥ 吸量管(是具有分刻度的直形玻璃管)的操作方法与移液管(是中间有膨大部分的胖肚玻璃管)相同,但应注意,凡吸量管上刻有“吹”字样的,使用时必须将管尖内的溶液吹出,不允许有保留;没有“吹”字样的,则不用吹。

五、实验结果

实验结果填入表 4-3 和表 4-4。

表 4-3   用氢氧化钠滴定盐酸溶液

	1	2	3
NaOH 终读数/mL			
NaOH 初读数/mL			
V(NaOH)/mL			

表 4-4 用盐酸滴定氢氧化钠溶液

	1	2	3
HCl 终读数/mL			
HCl 初读数/mL			
$V(\text{HCl})$/mL			

六、思考题

(1) 玻璃仪器洗净的标志是什么?

(2) 滴定管和移液管使用前应如何处理? 为什么?

(3) 用移液管称取溶液时, 遗留在管尖内的少量溶液应如何处理? 为什么?

实验三 氢氧化钠标准溶液的配制与标定

一、实验目的

(1) 掌握氢氧化钠溶液的配制和标定方法。

(2) 熟悉滴定操作和滴定终点的判断。

(3) 学习用固定称量法称量固体物质。

二、实验原理

由于 NaOH 易吸收空气中的 CO_2, 生成 Na_2CO_3, 反应式为

$$2NaOH + CO_2 = Na_2CO_3 + H_2O$$

Na_2CO_3 在 NaOH 的饱和溶液中不易溶解, 因此通常将 NaOH 配成饱和溶液(含量约为 52%(W/W), 相对密度约为 1.56), 装塑料瓶中放置, 待 Na_2CO_3 沉淀后量取一定量上清液, 稀释至所需配制的浓度, 即得。

用来配制氢氧化钠溶液的蒸馏水, 应加热煮沸放冷, 以除去其中的 CO_2。

标定碱溶液的基准物质很多, 如草酸($H_2C_2O_4 \cdot 2H_2O$)、邻苯二甲酸氢钾($KHC_8H_4O_4$)等。最常用的是邻苯二甲酸氢钾, 滴定反应为

$$\underset{\text{COOK}}{\overset{\text{COOH}}{\bigcirc}} + \text{NaOH} \longrightarrow \underset{\text{COOK}}{\overset{\text{COONa}}{\bigcirc}} + \text{H}_2\text{O}$$

计量点时由于弱酸盐的水解，溶液呈弱碱性，所以应采用酚酞作为指示剂。

三、实验用品

(1) 仪器　分析天平、托盘天平(带砝码)、小烧杯、碱式滴定管(50 mL)、锥形瓶(250 mL)、量筒(100 mL)、烧杯(500 mL)、塑料瓶(250 mL)、试剂瓶(500 mL)、吸量管(5 mL)、橡皮塞。

(2) 试剂　氢氧化钠(分析纯)、邻苯二甲酸氢钾(基准物质)、酚酞指示剂(0.1％乙醇溶液)。

四、实验内容

1. NaOH 标准溶液的配制

(1) NaOH 饱和溶液的配制　取 NaOH 约 120 g，倒入装有 100 mL 蒸馏水的烧杯中，搅拌使之溶解成饱和溶液。冷却后置于塑料瓶中，静置数日，澄清后备用。

(2) NaOH 标准溶液(0.1 mol/L)的配制　取澄清的 NaOH 饱和溶液 2.5 mL，加新煮沸放冷的蒸馏水 400 mL，搅拌摇匀，倒入试剂瓶中，密塞，即得。

2. NaOH 标准溶液(0.1 mol/L)的标定

准确称取在 105 ℃～110 ℃ 干燥至恒重的基准物邻苯二甲酸氢钾 3 份，每份在 0.45～0.55 g 之间，分别盛放于 250 mL 锥形瓶中，分别加新煮沸放冷的蒸馏水 50 mL，小心振摇使之完全溶解。加酚酞指示剂两滴，用待标定的 NaOH 标准溶液滴定至溶液呈浅红色，放置 30 s 后不褪色即为终点，记录消耗 NaOH 溶液的体积。

五、实验结果

1. 数据记录

数据记录表填入表 4-5。

表 4-5　数据记录表 1

	1	2	3
(基准物＋称量瓶)初重/g			
(基准物＋称量瓶)末重/g			

续表

	1	2	3
邻苯二甲酸氢钾重/g			
NaOH 终读数/mL			
NaOH 初读数/mL			
$V(NaOH)/mL$			
$c(NaOH)/mol/L$			
$c(NaOH)$平均值/$(mol \cdot L^{-1})$			
相对平均偏差			

2. 结果计算

$$c(NaOH) = \frac{m(KHC_8H_4O_4)}{V(NaOH) \cdot \dfrac{M(KHC_8H_4O_4)}{1000}}$$

$$M(KHC_8H_4O_4) = 204.2$$

六、注意事项

(1) 固体氢氧化钠应在表面皿上或在小烧杯中称量,不能在称量纸上称量。

(2) 滴定之前,应检查橡皮管内和滴定管管尖处是否有气泡,如有气泡应排除。

(3) 盛装基准物的 3 个锥形瓶应一一编号,以免张冠李戴。

七、思考题

(1) 配制标准 NaOH 溶液时,用台秤称取固体 NaOH 是否影响浓度的准确度?能否用称量纸称取固体 NaOH?为什么?

(2) 用邻苯二甲酸氢钾为基准物标定 NaOH 溶液的浓度,若消耗 NaOH 溶液(0.1 mol/L)约为 20 mL,问应称取邻苯二甲酸氢钾多少克?

实验四　盐酸标准溶液的配制与标定

一、实验目的

1. 掌握用无水碳酸钠作基准物质标定盐酸溶液的原理和方法。

2. 正确判断甲基红-溴甲酚绿混合指示剂的滴定终点。

二、实验原理

市售浓盐酸为无色透明的 HCl 水溶液，HCl 含量为 $36\%\sim38\%(W/W)$，相对密度约为 1.18。由于浓盐酸易挥发放出 HCl 气体，直接配制准确度差，因此配制盐酸标准溶液时需用间接配制法。

标定盐酸的基准物质常用无水碳酸钠和硼砂等，本实验采用无水碳酸钠为基准物质，以甲基红-溴甲酚绿混合指示剂指示终点，终点颜色由绿色变为暗紫色。

用 Na_2CO_3 标定时反应为

$$2HCl+Na_2CO_3 = 2NaCl+H_2O+CO_2 \uparrow$$

反应本身由于产生 H_2CO_3 会使滴定突跃不明显，致使指示剂颜色变化不够敏锐，因此在接近滴定终点之前，最好把溶液加热煮沸，并摇动以赶走 CO_2，冷却后再滴定。

三、实验用品

(1) 仪器　分析天平、酸式滴定管(50 mL)、锥形瓶(250 mL)、量筒(100 mL)、量筒 (10 mL)、吸量管(2 mL)、试剂瓶(250 mL)、烧杯(250 mL)、电炉子。

(2) 试剂　浓盐酸(分析纯)、无水碳酸钠(分析纯与基准物质)、0.2%甲基红-溴甲酚绿混合指示剂。

四、操作步骤

1. 盐酸溶液(0.1 mol/L)的配制

用 10 mL 量筒量取浓盐酸 1.8 mL，加水稀释至 200 mL 混匀，倒入试剂瓶中，密塞，即得 0.1 mol/L 的盐酸溶液。

2. 盐酸溶液(0.1 mol/L)的标定

精密称取在 270 ℃～300 ℃干燥至恒重的基准物无水碳酸钠 3 份，每份在 0.12～0.14 g 之间，分别置于 250 mL 锥形瓶中，加 50 mL 蒸馏水溶解后，加甲基红-溴甲酚绿混合指示剂 2～3 滴，用待标定的盐酸溶液滴定至溶液由绿色变为紫红色，煮沸约 2 min，冷却至室温(或旋摇 2 min)，继续滴定至溶液由绿色变为暗紫色为终点，记下所消耗 HCl 标准溶液的体积。

五、实验结果

1. 数据记录

数据记录填入表 4-6。

表 4-6　数据记录表 2

	1	2	3
(基准物+称量瓶)初重/g			
(基准物+称量瓶)末重/g			
无水碳酸钠重/g			
HCl 终读数/mL			
HCl 初读数/mL			
$V(HCl)$/mL			
$c(HCl)$/mol/L			
$c(HCl)$平均值/(mol·L^{-1})			
相对平均偏差			

2. 结果计算

$$c(HCl) = \frac{m(Na_2CO_3)}{V(HCl) \cdot \dfrac{M(Na_2CO_3)}{2 \times 1000}}$$

$$M(Na_2CO_3) = 105.99$$

六、注意事项

　　无水碳酸钠经过高温烘烤后，极易吸水，故称量瓶一定要盖严；称量时动作要快些，以免无水碳酸钠吸水。

七、思考题

　　(1) 为什么不能用直接法配制盐酸标准溶液？
　　(2) 实验中所用锥形瓶是否需要烘干？加入蒸馏水的量是否需要准确？

实验五　面碱中碳酸钠含量的测定

一、实验目的

　　(1) 掌握强酸滴定弱碱的原理和方法。
　　(2) 进一步练习滴定操作。

二、实验原理

盐酸可与面碱中的碳酸钠反应，生成 NaCl，放出 CO_2 气体。反应式为

$$Na_2CO_3 + 2HCl = 2NaCl + H_2O + CO_2 \uparrow$$

强酸滴定弱碱时，化学计量点在酸性区，所以须选择在酸性区域内变色的指示剂，如甲基橙、甲基红等。

三、实验用品

(1) 仪器　分析天平、酸式滴定管(25 mL)、锥形瓶(250 mL)、量筒(5 mL 和 100 mL)、移液管(20 mL)、容量瓶(200 mL)。

(2) 试剂　盐酸标准溶液(0.1 mol/L)、面碱、0.1％甲基橙指示剂。

四、操作步骤

(1) 准确称取面碱 1.000 0 g，配成 200.00 mL 溶液。

(2) 用移液管移取面碱溶液 20.00 mL 置于 250 mL 锥形瓶中，加 1 滴甲基橙指示剂。

(3) 酸式滴定管注满 HCl 标准溶液(0.1 mol/L)，调好零点，逐滴滴加到锥形瓶中，滴定至溶液由黄色变为橙色为止，即为终点。记下所消耗 HCl 标准溶液(0.1 mol/L)的体积。

(4) 平行测定 3 次，取平均值，并计算相对平均偏差。

五、实验结果

1. 数据记录

数据记录填入表 4-7。

表 4-7　数据记录表 3

	1	2	3
面碱重/g			
HCl 终读数/mL			
HCl 初读数/mL			
$V(HCl)$/mL			
Na_2CO_3％			
Na_2CO_3％平均值			
相对平均偏差			

2. 结果计算

$$Na_2CO_3 \ 含量 = \frac{\frac{1}{2}c(HCl) \cdot V(HCl) \cdot M(Na_2CO_3)}{m(Na_2CO_3) \times \frac{20}{200}} \times 100\%$$

$$M(Na_2CO_3) = 105.99$$

六、注意事项

面碱易吸水，称量时动作要快，避免时间过长，误差过大。

七、思考题

强酸滴定弱碱的滴定突跃范围大小取决于碱的强度及其浓度，那么在什么情况下，才能用强酸直接滴定弱碱?

实验六　药用硼砂的含量测定

一、实验目的

(1) 掌握甲基红指示剂的滴定终点的判定。
(2) 巩固酸碱滴定中盐的测定原理。

二、实验原理

$Na_2B_4O_7 \cdot 10H_2O$ 是一个强碱弱酸盐，其滴定产物硼酸是一很弱的酸($K_{a_1} = 7.3 \times 10^{-10}$)，并不干扰盐酸标准溶液对硼砂的测定。在计量点前，酸度很弱；计量点后，盐酸稍过量时溶液 pH 值急剧下降，形成突跃。反应式为

$$2HCl + Na_2B_4O_7 + 5H_2O \Longrightarrow 2NaCl + 4H_3BO_3$$

计量点时 pH=5.1，可选用甲基红为指示剂，终点时溶液呈橙色。

三、实验用品

(1) 仪器　分析天平、酸式滴定管(50 mL)、锥形瓶(250 mL)、量筒(50 mL)、烧杯

（50 mL）、电炉子。

    （2）试剂　硼砂固体试样、HCl 标准溶液（0.1 mol/L）、甲基红指示剂（0.1%乙醇溶液）。

四、实验步骤

    （1）准确称取硼砂约 0.400 0 g，置于 250 mL 锥形瓶中，加 50 mL 水溶解后，加两滴甲基红指示剂，用 HCl 标准溶液（0.1 mol/L）滴定至溶液由黄色变为橙色，即为终点，记下所消耗 HCl 标准溶液的体积。

    （2）平行测定 3 次，取平均值，并计算相对平均偏差。

五、实验结果

1. 数据记录

数据记录填入表 4-8。

表 4-8　数据记录表 4

	1	2	3
（硼砂＋称量瓶）初重/g			
（硼砂＋称量瓶）末重/g			
硼砂重/g			
HCl 终读数/mL			
HCl 初读数/mL			
$V(HCl)$/mL			
$Na_2B_4O_7 \cdot 10H_2O$/%			
$Na_2B_4O_7 \cdot 10H_2O$ 平均值/%			
相对平均偏差			

2. 结果计算

$$Na_2B_4O_7 \cdot 10H_2O \, \% = \frac{c(HCl) \cdot V(HCl) \cdot \dfrac{M(Na_2B_4O_7 \cdot 10H_2O)}{2 \times 1\,000}}{S} \times 100\%$$

$$M(Na_2B_4O_7 \cdot 10H_2O) = 381.37$$

其中，S 为硼砂样品重。

六、注意事项

(1) 硼砂化学式量大，不易溶解，必要时可在电炉上加热使之溶解，放冷后再滴定。

(2) 终点应为橙色。若偏红，则滴定过量，使结果偏高。

七、思考题

(1) 哪种盐可用酸或碱直接滴定？

(2) $Na_2B_4O_7 \cdot 10H_2O$ 用 HCl 标准溶液滴定至计量点时，计量点的 pH 值是多少？如何计算？

实验七　EDTA 标准溶液的配制与标定

一、实验目的

(1) 掌握 EDTA 标准溶液的配制与标定方法。

(2) 熟悉铬黑 T 指示剂的滴定终点判断。

二、实验原理

EDTA 是乙二胺四乙酸（常用 H_4Y）的英文名缩写。它难溶于水，通常使用其二钠盐 EDTA 或 $Na_2H_2Y \cdot 2H_2O$ 配制标准溶液。

EDTA 或 $Na_2H_2Y \cdot 2H_2O$ 是白色结晶或结晶性粉末，室温下其溶解度为 111 g/L（约为 0.3 mol/L）。配制 EDTA 标准溶液时，一般使用分析纯的 EDTA 先配制成近似浓度的溶液，然后以 ZnO 为基准物标定其浓度。滴定是在 pH 约为 10 的条件下，以铬黑 T 为指示剂进行的。终点时，溶液由紫红色变为纯蓝色。滴定过程中的反应为

滴定前　$\underset{\text{蓝色}}{Zn^{2+} + HIn^{2-}} \Longrightarrow \underset{\text{紫红色}}{ZnIn^-} + H^+$

终点前　$Zn^{2+} + H_2Y^{2-} \Longrightarrow ZnY^{2-} + 2H^+$

终点时　$\underset{\text{紫红色}}{ZnIn^-} + H_2Y^{2-} \Longrightarrow \underset{\text{蓝色}}{ZnY^{2-}} + HIn^{2-} + H^+$

三、实验用品

(1) 仪器　分析天平、托盘天平、酸式滴定管（50 mL）、量杯（500 mL）、锥形瓶

(250 mL)、量筒(5 mL、10 mL、25 mL)、烧杯(500 mL)、高温电炉、硬质玻璃瓶或聚乙烯塑料瓶(500 mL)。

(2) 试剂　乙二胺四乙酸二钠(EDTA·2Na·2H$_2$O，分析纯)、ZnO(基准物质)、铬黑T指示剂、稀 HCl 溶液、甲基红指示剂、氨试液、NH$_3$·H$_2$O - NH$_4$Cl 缓冲液(pH＝10)。

四、实验内容

1. EDTA 标准溶液(0.05 mol/L)的配制

取 EDTA 7.5 g，置 500 mL 烧杯中，加蒸馏水约 200 mL 使之溶解，稀释至 400 mL，摇匀，移入硬质玻璃瓶或聚乙烯塑料瓶中。

2. EDTA 标准溶液(0.05 mol/L)的标定

精密称取在 800 ℃ 灼烧至恒重的基准物 ZnO 3 份，每份在 0.108～0.132 g 之间，分别置于 3 个 250 mL 锥形瓶中，各加稀盐酸 3 mL 使之溶解，加蒸馏水 25 mL 与甲基红指示液 1 滴，滴加氨试液至溶液呈微黄色。再加蒸馏水 25 mL，NH$_3$ - NH$_4$Cl 缓冲液(pH＝10) 10 mL 和铬黑 T 指示剂 3 滴，用待标定的 EDTA 标准溶液滴定至溶液由紫红色转变为蓝色，即为终点。记录所消耗的 EDTA 标准溶液的体积。

五、实验结果

1. 数据记录

数据记录填入表 4 - 9。

表 4 - 9　数据记录表 5

	1	2	3
(ZnO＋称量瓶)初重/g			
(ZnO＋称量瓶)末重/g			
ZnO 重/g			
EDTA 终读数/mL			
EDTA 初读数/mL			
V(HCl)/mL			
c(EDTA)/(mol·L^{-1})			
c(EDTA)平均值/(mol·L^{-1})			
相对平均偏差			

2. 结果计算

$$c(\text{EDTA}) = \frac{m(\text{ZnO})}{V(\text{EDTA}) \cdot \dfrac{M(\text{ZnO})}{2 \times 1\,000}}$$

$$M(\text{ZnO}) = 81.38$$

六、注意事项

(1) 市售 EDTA 有粉末状和结晶型两种，粉末状的较易溶解，结晶型的在水中溶解较慢，可加热使其溶解。

(2) 贮存 EDTA 标准溶液应选用硬质玻璃瓶，如用聚乙烯瓶贮存更好，以免 EDTA 与玻璃中的金属离子作用。

七、思考题

(1) 配制 EDTA 标准溶液时，为什么不用乙二胺四乙酸而用其二钠盐？

(2) 标定 EDTA 标准溶液时，已用氨试液将溶液调为碱性，为什么还要加 $NH_3 \cdot H_2O$-NH_4Cl 缓冲液？

实验八　水的硬度测定

一、实验目的

(1) 掌握配位滴定法测定水的原理及方法。

(2) 了解水的硬度的表示方法。

二、实验原理

一般把含有钙、镁盐类较多的水称作硬水（硬水和软水尚无明确的界限，一般将硬度小于 6 度的水，称作软水），水中 Ca^{2+}、Mg^{2+} 的多少用硬度的高低来表示。不论生活用水还是生产用水，对硬度指标都有一定的要求。如《生活饮用水卫生标准》中规定，生活饮用水的总硬度以 CaO 计，应不超过 250 mg/L。因此水的硬度测定有着很重要的意义。

　　水的硬度的测定，目前多用 EDTA 标准溶液直接滴定水中 Ca^{2+}、Mg^{2+} 的总量，然后换算成相应的硬度单位。水的硬度有多种表示方法，较常用的为德国度，即以 1 升水中含有 10 mg CaO 为 1 度。在我国除采用度表示方法外，还常用质量浓度表示水的硬度，即以 1 升水中含 CaO 的质量（mg）多少来表示水的硬度的高低，单位为 mg/L。可见，1 度 = 10 mg/L CaO，或用每升水中钙、镁离子总量折算成 $CaCO_3$ 的毫克数表示，即用 $CaCO_3$ ppm 表示。

　　当以铬黑 T 为指示剂、在 pH = 10 的条件下测定硬度时，滴定过程中的反应为

滴定前　$Mg^{2+} + HIn^{2-} \rightleftharpoons MgIn^- + H^+$
　　　　　　　　　　蓝色　　　　　酒红色

终点前　$Mg^{2+} + H_2Y^{2-} \rightleftharpoons MgY^{2-} + 2H^+$

　　　　$Ca^{2+} + H_2Y^{2-} \rightleftharpoons CaY^{2-} + 2H^+$

终点时　$MgIn^- + H_2Y^{2-} \rightleftharpoons MgY^{2-} + HIn^{2-} + H^+$
　　　　　　　　　　　　　　　　　　　　　蓝色

三、实验用品

　　(1) 仪器　酸式滴定管（50 mL）、容量瓶（250 mL）、锥形瓶（250 mL）、量筒（5 mL 和 100 mL）、移液管（50 mL）。

　　(2) 试剂　EDTA 标准溶液（0.05 mol/L）、铬黑 T 指示剂、NH_3 - NH_4Cl 缓冲液（pH = 10）。

四、操作步骤

1. EDTA 标准溶液（0.05 mol/L）的配制

　　准确移取 EDTA 标准溶液（0.05 mol/L）50.00 mL，置于 250 mL 容量瓶中，加水稀释至刻度，摇匀，即得 0.01 mol/L 的 EDTA 标准溶液。

2. 水的硬度测定

　　量取水样 100 mL 3 份，置于 3 个锥形瓶中，重金属离子用 Na_2S 去除，铁离子的干扰用 1:2 三乙醇胺进行掩蔽。各加 NH_3 - NH_4Cl 缓冲液（pH = 10）5.00 mL 及铬黑 T 指示液 3 滴，然后用 EDTA 标准溶液滴定至溶液由酒红色转变为蓝色，即为终点。记录所消耗 EDTA 标准溶液的体积。

五、实验结果

1. 数据记录

　　数据记录填入表 4 - 10。

表 4 - 10　数据记录表 6

	1	2	3
EDTA 终读数/mL			
EDTA 初读数/mL			
$V(EDTA)$/mL			
硬度/(mg/L 或度)			
硬度平均值/(mg/L 或度)			
相对平均偏差			

2. 结果计算

$$硬度 = \frac{c(EDTA) \cdot V(EDTA) \cdot \dfrac{M(CaO)}{1\,000}}{V_{水}} \times 10^6 \quad (以\ CaO\ 计,\ mg/L)$$

其中，$M(CaO) = 56.08$。

或

$$硬度 = \frac{c(EDTA) \cdot V(EDTA) \cdot \dfrac{M(CaO)}{1\,000}}{V_{水}} \times 10^5 \quad (以\ CaO\ 计,度)$$

六、注意事项

（1）该实验的取样量仅适用于以 CaO 计算，硬度不大于 280 mg/L 的水样，若硬度大于 280 mg/L（以 CaO 计），应适当减小取样量。

（2）硬度较大的水样，在加缓冲液后常析出 $CaCO_3$、$MgCO_3$ 微粒，使终点不稳定，常出现"返回"现象，难以确定终点。遇到此情况，可在加缓冲液前，在溶液加入一小块刚果红试纸，滴加稀 HCl 至试纸变蓝色，振摇 2 min，然后依法操作。

七、思考题

（1）已知 1 法国度相当于 1 升水中含有 10 mg $CaCO_3$，试计算 1 德国度相当于多少法国度？

（2）若只测定水中的 Ca^{2+}，应选择何种指示剂？在什么条件下测定？

（3）为什么在硬度较大（含 Ca^{2+}、Mg^{2+} 较多）的水样中加酸酸化后，振摇 2 min，能防止 Ca^{2+}、Mg^{2+} 生成碳酸盐沉淀？

实验九 硝酸银标准溶液的配制与标定

一、实验目的

(1) 掌握硝酸银标准溶液的配制与标定方法。
(2) 熟悉吸附指示剂的变色原理。

二、实验原理

硝酸银标准溶液多用分析纯的硝酸银按间接法配制，然后再用基准物质标定其浓度。标定硝酸银标准溶液一般采用 NaCl 作为基准物质，其标定反应为

$$Cl^- + Ag^+ \rightarrow AgCl\downarrow$$

该滴定多采用吸附指示剂法确定滴定终点。由于颜色的变化发生在 AgCl 沉淀的表面上，所以 AgCl 沉淀的表面积越大，到达滴定终点时，颜色的变化就越明显。为此，可将基准物质 NaCl 配成较稀的溶液，并加入糊精溶液以保护胶体，防止 AgCl 胶体的凝聚，使其保持胶体状态而具有较大的表面积，终点时的颜色变化就更明显。

用荧光黄(以 HF1 表示)作指示剂标定 $AgNO_3$ 标准溶液时，荧光黄在溶液中离解成H^+和荧光黄阴离子 Fl^-。在化学计量点前，溶液中存在过量的 Cl^-，这时滴定所生成的 AgCl 胶态沉淀吸附 Cl^-，使 AgCl 沉淀颗粒表面带负电荷($AgCl \cdot Cl^-$)。由于同种电荷相斥，此时沉淀($AgCl \cdot Cl^-$)不会吸附荧光黄指示剂的阴离子(Fl^-)，所以溶液显示荧光黄阴离子的黄绿色。当滴定至终点时，溶液中 Ag^+ 稍过量，AgCl 沉淀颗粒吸附 Ag^+ 而带正电荷($AgCl \cdot Ag^+$)，从而吸附荧光黄指示剂阴离子，使指示剂结构发生改变，指示剂由黄绿色转变为淡红色。其变色过程可表示为

加入指示剂　　　　　　　　$HFl \Longleftrightarrow H^+ + Fl^-$(黄绿色)
终点前　Cl^- 过量，沉淀带负电荷而吸附正离子$(AgCl) \cdot Cl^- \cdots M^+$
终点时　Ag^+ 稍过量，沉淀带正电荷而吸附负离子$(AgCl) \cdot Ag^+ \cdots Fl^-$(淡红色)
$(AgCl) \cdot Ag^+ + Fl^-$(黄绿色)$\Longleftrightarrow (AgCl) \cdot Ag^+ \cdots Fl^-$(淡红色)

三、实验用品

(1) 仪器　分析天平、托盘天平、酸式滴定管(50 mL，棕色)、锥形瓶(250 mL)、量筒(5 mL 和 50 mL)、量杯(500 mL)、试剂瓶(500 mL，棕色)。

（2）试剂　AgNO₃（分析纯）、NaCl（基准物质）、糊精溶液（1→50）、荧光黄指示液（0.1％乙醇溶液）。

四、实验内容

1. AgNO₃ 标准溶液(0.1 mol/L)的配制

称取 AgNO₃ 7 g 置于 500 mL 量杯中，加蒸馏水约 100 mL 使之溶解，然后用蒸馏水稀释至 400 mL，移入棕色试剂瓶中，摇匀，避光保存。

2. AgNO₃ 标准溶液(0.1 mol/L)的标定

精密称取在 110 ℃ 干燥至恒重的基准物 NaCl 3 份，每份 0.135～0.165 g，分别置于 250 mL 锥形瓶中，并加蒸馏水 50.00 mL 使之溶解，再加糊精溶液（1→50）5 mL 与荧光黄指示液 8 滴，然后用待标定的 AgNO₃ 标准溶液滴定至浑浊液由黄绿色变为淡红色，即为终点。记录所消耗的 AgNO₃ 标准溶液的体积。

五、实验结果

1. 数据记录

数据记录填入表 4-11。

表 4-11　数据记录表 7

	1	2	3
(NaCl＋称量瓶)初重/g			
(NaCl＋称量瓶)末重/g			
NaCl/g			
AgNO₃ 终读数/mL			
AgNO₃ 初读数/mL			
$V(\text{AgNO}_3)$/mL			
$c(\text{AgNO}_3)/(\text{mol} \cdot \text{L}^{-1})$			
$c(\text{AgNO}_3)$平均值/$(\text{mol} \cdot \text{L}^{-1})$			
相对平均偏差			

2. 结果计算

$$c(\text{AgNO}_3) = \frac{m(\text{NaCl})}{V(\text{AgNO}_3) \cdot \dfrac{M(\text{NaCl})}{1\,000}}$$

$$M(\text{NaCl}) = 58.44$$

六、注意事项

(1) 配制 $AgNO_3$ 标准溶液的水应无 Cl^-；否则配成的 $AgNO_3$ 溶液出现白色浑浊，不能使用。

(2) 滴定过程中应用力振摇锥形瓶，使被吸附的离子释放出来，以得到准确的终点。

(3) 光线可促使 $AgCl$ 分解出金属银而使沉淀颜色变深，影响终点的观察，因此滴定时应避免强光直射。光线也可加速 $AgNO_3$ 的分解，所以装 $AgNO_3$ 标准溶液的酸式滴定管和试剂瓶应是棕色的。

(4) 盛装基准物的 3 个锥形瓶应编号，以免张冠李戴。

七、思考题

(1) $AgNO_3$ 标准溶液应装在酸式滴定管还是碱式滴定管中？为什么？

(2) 配制 $AgNO_3$ 标准溶液的容器用自来水清洗后，若不用蒸馏水清洗而直接用来配制 $AgNO_3$ 标准溶液，将会出现什么现象？为什么会出现该现象？

(3) 有一稀盐酸与氯化钠的混合样品，若用 $AgNO_3$ 标准溶液测定其中 Cl^- 的含量，能否以荧光黄为指示剂直接滴定？

实验十　碘标准溶液的配制与标定

一、实验目的

(1) 掌握碘标准溶液的配制与标定方法。

(2) 了解直接碘量法的操作步骤及注意事项。

二、实验原理

用升华法可制得纯度高的碘，纯度高的碘可用作基准物，故用纯度高的碘可按直接法配制碘标准溶液。但由于碘在室温时的升华压较高(41.3Pa)，称量时易升华而引起损失；另外，碘蒸汽对天平零件具有一定的腐蚀作用，故碘标准溶液多用分析纯碘按间接法配制。

I_2 在水中的溶解度很小($25\ ℃$ 为 $1.8×10^{-3}\ mol/L$)，而且易挥发，所以通常利用 I_2 与 I^- 生成 I_3^- 配离子的反应。将 I_2 溶解在浓的 KI 溶液里，配成有适当过量 KI 存在的 I_2 溶液，由于 I_3^- 配离子的形成，使 I_2 的溶解度大大提高，挥发性大为降低，而电位却无显著变化。I_2 易溶于浓的 KI 溶液，但在稀的 KI 溶液中溶解得很慢，所以配制 I_2 溶液时，不能过早加水稀释，应使 I_2 在浓的 KI 溶液中溶解完后，再加水稀释。

空气能氧化 I^-，引起 I_2 浓度的增加，反应式为

$$4I^- + O_2 + 4H^+ \rightleftharpoons 2I_2 + 2H_2O$$

此氧化作用缓慢，但能在光及热的条件影响下而加速，因此配好的含有 KI 的 I_2 标准溶液应贮存于棕色瓶中，置冷暗处保存。I_2 能缓慢腐蚀橡胶和其他有机物，所以 I_2 溶液应避免与这类物质接触。

标定 I_2 标准溶液浓度的常用方法是用三氧化二砷（As_2O_3，俗名砒霜，有剧毒）作基准物来标定。As_2O_3 难溶于水，易溶于碱性溶液中而生成亚砷酸盐，所以通常用 NaOH 溶液溶解，反应式为

$$As_2O_3 + 6NaOH \rightleftharpoons 2Na_3AsO_3 + 3H_2O$$

然后用 H_2SO_4 中和过量的 NaOH。亚砷酸盐与 I_2 的反应是可逆的，即

$$AsO_3^{3-} + I_2 + H_2O \rightleftharpoons AsO_4^{3-} + 2I^- + 2H^+$$

反应生成 H^+。随着滴定反应的进行，溶液的酸度增加，逆反应的速度加快，使滴定反应不能定量完成。在碱性溶液中，I_2 氧化 AsO_3^{3-} 的反应可进行完全，但在强碱溶液中进行滴定（pH>9）时，发生的副反应为

$$3I_2 + 6OH^- \rightleftharpoons IO_3^- + 5I^- + 3H_2O$$

所以标定应在 $NaHCO_3$ 溶液中进行，溶液的 pH 值约为 8。因此，实际上滴定反应为

$$I_2 + AsO_3^{3-} + 2HCO_3^- \rightleftharpoons 2I^- + AsO_4^{3-} + 2CO_2\uparrow + H_2O$$

由以上反应式可知，1 mol 的 As_2O_3 生成 2 mol Na_3AsO_3，1 mol AsO_3^{3-} 与 1 mol 的 I_2 等计量反应。所以，As_2O_3 与 I_2 化学计量反应的物质的量之比为 1∶2。

三、实验用品

(1) 仪器　托盘天平（台称）、分析天平、酸式滴定管（50 mL，棕色和无色）、表面皿、垂熔玻璃滤器、锥形瓶（250 mL）、烧杯（500 mL）、试剂瓶（500 mL，棕色）、量筒（50 mL、5 mL）。

(2) 试剂　三氧化二砷（基准物质）、I_2（分析纯）、碳酸氢钠（分析纯）、氢氧化钠溶液（1 mol/L）、酚酞指示剂、硫酸溶液（1 mol/L）、淀粉指示剂。

四、实验内容

1. I_2 标准溶液（0.05 mol/L）的配制

取 KI 10.8 g 于小烧杯中，加水约 15 mL，搅拌使其溶解。再取 I_2 3.9 g，加入上述 KI

溶液中，搅拌至 I_2 完全溶解后，加盐酸 1 滴，转移至棕色瓶中，用蒸馏水稀释至 300 mL，摇匀，用垂熔玻璃滤器过滤。

2. I_2 标准溶液(0.05 mol/L)的标定

准确称取在 105 ℃ 干燥至恒重的基准物质 As_2O_3 3 份，每份在 0.1080～0.1320 g 之间，置于 3 个锥形瓶中，各加 NaOH 溶液(1 mol/L) 4 mL 使之溶解，加蒸馏水 20 mL 与酚酞指示剂 1 滴，滴加 H_2SO_4 溶液(1 mol/L)至粉红色褪去，再加 $NaHCO_3$ 2 g，蒸馏水 30 mL 及淀粉指示剂 2 mL，用待标定的 I_2 标准溶液滴定至溶液显示浅蓝紫色，即为终点。记录所消耗碘标准溶液的体积。

五、实验结果

1. 数据记录

数据记录填入表 4 - 12。

表 4 - 12 数据记录表 8

	1	2	3
(As_2O_3＋称量瓶)初重/g			
(As_2O_3＋称量瓶)末重/g			
As_2O_3 重/g			
I_2 终读数/mL			
I_2 初读数/mL			
$V(I_2)$/mL			
$c(I_2)$/(mol·L^{-1})			
$c(I_2)$平均值/(mol·L^{-1})			
相对平均偏差			

2. 结果计算

$$c(I_2) = \frac{m(As_2O_2)}{V(I_2) \cdot \dfrac{M(As_2O_2)}{1\,000}} \times 2$$

$$M(As_2O_2) = 197.84$$

六、注意事项

(1) 在配制 I_2 标准溶液时，将 I_2 加入浓 KI 溶液后，必须搅拌至 I_2 完全溶解后，才能加水稀释。若过早稀释，碘极难完全溶解。

(2) 碘有腐蚀性，应在干净的表面皿上称取。

(3) 考虑到三氧化二砷(As_2O_3, 俗名砒霜, 有剧毒), 建议非医学院校可改用 $NaHCO_3$ 来做碘标准溶液的配制与标定。

七、思考题

(1) 配制 I_2 标准溶液时为什么加 KI? 将称得的 I_2 和 KI 一次加水至 300 mL 再搅拌是否可以?

(2) I_2 标准溶液为棕红色, 装入滴定管中弯月面看不清楚, 应如何读数?

(3) 配制 I_2 标准溶液时, 为什么要加入 1 滴盐酸?

实验十一　直接碘量法测定维生素 C 的含量

一、实验目的

(1) 了解直接碘量法的操作步骤及注意事项。

(2) 掌握直接碘量法的基本操作。

二、实验原理

电对电位低的较强还原性物质, 可用碘标准溶液直接滴定, 称这种滴定方法为直接碘量法。维生素 $C(C_6H_8O_6)$ 又称抗坏血酸, 其分子中的烯二醇基具有较强的还原性, 能被 I_2 定量氧化成二酮基, 所以可用直接碘量法测定其含量。其反应式为

$$\underset{O\ \ OH\ OH\ H\ \ H}{C-C=C-C-C-CH_2OH} \overset{OH}{} +I_2 \Longrightarrow \underset{O\ \ O\ \ O\ \ H\ \ H}{C-C-C-C-C-CH_2OH} \overset{OH}{} +2HI$$

从反应式可知, 在碱性条件下, 有利于反应向右进行。但由于维生素 C 的还原性很强, 即使在弱酸性条件下, 此反应也能进行得相当完全。在中性或碱性条件下, 维生素 C 易被空气中的 O_2 氧化而产生误差, 尤其在碱性条件下, 误差更大。故该滴定反应在酸性溶液中进行, 以减慢副反应的速度。

三、实验用品

(1) 仪器　分析天平、酸式滴定管(50 mL, 棕色)、吸量管(2 mL)、量筒(15 mL、

5 mL)、锥形瓶(250 mL)。

(2) 试剂　维生素 C 注射液(20 mL 2.5 g)、I_2 标准溶液(0.05 mol/L)、稀醋酸、丙酮、淀粉指示剂。

四、实验内容

(1) 准确量取维生素 C 注射液 1.6 mL(约相当于维生素 C 0.2 g)置于 250 mL 锥形瓶中,加新煮沸并放冷至室温的蒸馏水 15 mL 与丙酮 2 mL,摇匀,放置 5 min,加稀醋酸 4 mL 与淀粉指示液 1 mL,用 I_2 标准溶液(0.05 mol/L)滴定,至溶液显蓝色并持续 30 s 不褪,即为终点。记录所消耗的 I_2 标准溶液的体积。

(2) 平行测定 3 次,取平均值,并计算相对平均偏差。

五、实验结果

1. 数据记录

数据记录填入表 4-13。

表 4-13　数据记录表 9

	1	2	3
维生素 C 注射液体积/mL			
I_2 终读数/mL			
I_2 初读数/mL			
$V(I_2)$/mL			
V_c%			
V_c%平均值			
相对平均偏差			

2. 结果计算

$$V_c\text{ 标示量百分含量}\% = \frac{c(I_2) \cdot V(I_2) \cdot \dfrac{M(C_6H_8O_6)}{1\,000}}{\dfrac{2.5}{20} \times 1.6} \times 100\%$$

$$M(C_6H_8O_6) = 176.12$$

六、注意事项

(1) 维生素 C 被溶解后,易被空气氧化而引入误差。所以,应移取 1 份,滴定 1 份,不要 3 份同时移取。

（2）I_2 标准溶液浓度的表示方法有两种，较常用的是以 I_2 的浓度表示，另一种是以 I^- 的浓度表示（如我国药典），本实验是以 I_2 的浓度表示。因为 $c(I)=2c(I_2)$，所以使用 I_2 标准溶液时，应注意其浓度是以哪种方法表示的。

七、思考题

（1）测定维生素 C 的含量时，为何要用新煮沸并放冷的蒸馏水溶解样品？为何要立即滴定？

（2）若在碱性条件下测定，所产生的误差是正误差还是负误差？

实验十二　硫代硫酸钠标准溶液的配制与标定

一、实验目的

（1）掌握 $Na_2S_2O_3$ 标准溶液的配制与标定方法。

（2）学会碘量瓶的使用方法。

（3）了解置换碘量法的原理。

二、实验原理

硫代硫酸钠（$Na_2S_2O_3 \cdot 5H_2O$），俗称海波一般都含有少量杂质，如 S、Na_2SO_3、Na_2SO_4 等，同时它还容易风化和潮解，因此 $Na_2S_2O_3$ 标准溶液只能用间接法配制。

$Na_2S_2O_3$ 在中性或弱碱性溶液中较稳定，在酸性溶液中不稳定。若配制 $Na_2S_2O_3$ 标准溶液所用的水中含 CO_2 较多，则 pH 值偏低，当 pH<4.6 时，$Na_2S_2O_3$ 会分解，即

$$S_2O_3^{2-}+CO_2+H_2O \rightarrow HSO_3^-+HCO_3^-+S\downarrow$$

因而使配制的 $Na_2S_2O_3$ 溶液变混。此分解作用一般发生在溶液配成后的最初 10 天内。另外，水中的某些微生物也会分解 $Na_2S_2O_3$，反应式为

$$Na_2S_2O_3 \xrightarrow{\text{微生物}} Na_2SO_3+S\downarrow$$

所以配制 $Na_2S_2O_3$ 标准溶液时，应用新煮沸并放冷的蒸馏水溶解，以除去水中的 CO_2 并杀死微生物；加入少量 Na_2CO_3（浓度约 0.02%）使溶液呈弱碱性，防止 $Na_2S_2O_3$ 的分解；配好后放置 8~14 天，待其浓度稳定后，滤除 S，再标定。

标定 $Na_2S_2O_3$ 溶液最常用的基准物质是 $K_2Cr_2O_7$。标定时采用置换滴定法,先将 $K_2Cr_2O_7$ 与过量的 KI 作用,再用 $Na_2S_2O_3$ 标准溶液滴定析出的 I_2。

第一步反应为

$$Cr_2O_7^{2-} + 14H^+ + 6I^- = 3I_2 + 2Cr^{3+} + 7H_2O$$

第二步反应为

$$2S_2O_3^{2-} + I_2 = S_4O_6^{2-} + 2I^-$$

第一步反应速度较慢。由反应式可知,增加溶液的酸度可使其速度加快,但酸度不能过高,因酸度过高时,I^- 被空气中的 O_2 氧化成 I_2 的速度也加快,所以酸度以 $[H^+]$ 为 0.2~0.4 mol/L 为宜。在这样的酸度下,必须放置 10 min,该反应才能定量完成。为了防止在放置过程中 I_2 的挥发,应将溶液放在碘量瓶中。用 $Na_2S_2O_3$ 标准溶液滴定第一步生成的 I_2 时,以淀粉为指示剂指示其终点。在终点前,溶液中有 I_2 存在,I_2 与淀粉形成蓝色可溶性吸附化合物,使溶液呈蓝色。终点时,溶液中 I_2 的全部与 $Na_2S_2O_3$ 作用,故蓝色消失。

必须注意,淀粉指示剂应在近终点时加入,不可加入过早。若当溶液中还剩很多 I_2 时就加淀粉指示剂,则大量的 I_2 被淀粉牢固地吸附,不易完全放出,使终点难以确定。因此,必须在滴定至近终点(溶液呈浅黄绿色)时,再加入淀粉指示剂。

$Na_2S_2O_3$ 与 I_2 的反应只能在中性或弱酸性溶液中进行,而不能在强酸性溶液中进行。因为在强酸性溶液中,$Na_2S_2O_3$ 易分解,即

$$S_2O_3^{2-} + 2H^+ = S\downarrow + SO_2\uparrow + H_2O$$

所以在滴定前将溶液稀释,以降低其酸度。另外,将溶液稀释,也可使终点时 Cr^{3+} 的绿色变浅,便于对终点的观察。

三、实验用品

(1) 仪器　分析天平、碱式滴定管(50 mL)、量杯(500 mL)、碘量瓶(250 mL)、容量瓶(250 mL)、移液管(25 mL)、试剂瓶。

(2) 试剂　$Na_2S_2O_3 \cdot 5H_2O$(分析纯)、$K_2Cr_2O_7$(基准物质)、Na_2CO_3(分析纯)、KI(分析纯)、HCl 溶液(4 mol/L)、淀粉指示剂。

四、实验内容

1. $Na_2S_2O_3$ 标准溶液(0.1 mol/L)的配制

称取 Na_2CO_3 0.1 g 置于 500 mL 量杯中,加新煮沸并放冷的蒸馏水约 200 mL,搅拌使溶解,加入 10.5 g $Na_2S_2O_3 \cdot 5H_2O$,搅拌使完全溶解,用新煮沸并放冷的蒸馏水稀释至 400 mL,摇匀,贮于试剂瓶中,放置 8~14 天后再标定。

2. Na$_2$S$_2$O$_3$ 标准溶液(0.1 mol/L)的标定

（1）准确称取在 120 ℃干燥至恒重的基准物质 K$_2$Cr$_2$O$_7$约 1.2 g 于小烧杯中，加水适量使其溶解，定量转移至 250 mL 容量瓶中，加水至刻度，摇匀。

（2）用移液管量取 K$_2$Cr$_2$O$_7$ 溶液 25.00 mL 各 3 份于 3 个碘量瓶中，并分别加碘化钾 2 g，蒸馏水 25 mL，HCl 溶液(4 mol/L)5 mL，密塞，摇匀，封水，在暗处放置 10 min。

（3）加蒸馏水 50 mL，用待标定的 Na$_2$S$_2$O$_3$ 标准溶液滴定至近终点时，加淀粉指示剂 2 mL，继续滴定至蓝色溶液呈亮绿色，即为终点。记录所消耗 Na$_2$S$_2$O$_3$ 标准溶液的体积。

五、实验结果

1. 数据记录

数据记录填入表 4－14。

表 4－14　数据记录表 10

	1	2	3
(K$_2$Cr$_2$O$_7$＋称量瓶)初重/g			
(K$_2$Cr$_2$O$_7$＋称量瓶)末重/g			
K$_2$Cr$_2$O$_7$ 重/g			
Na$_2$S$_2$O$_3$ 终读数/mL			
Na$_2$S$_2$O$_3$ 初读数/mL			
V(Na$_2$S$_2$O$_3$)/mL			
c(Na$_2$S$_2$O$_3$)/(mol·L^{-1})			
c(Na$_2$S$_2$O$_3$)平均值/(mol·L^{-1})			
相对平均偏差			

2. 结果计算

$$c(\text{Na}_2\text{S}_2\text{O}_3) = \frac{m(\text{K}_2\text{Cr}_2\text{O}_7) \times \dfrac{25}{250}}{V(\text{Na}_2\text{S}_2\text{O}_3) \cdot \dfrac{M(\text{K}_2\text{Cr}_2\text{O}_7)}{1\,000}} \times 6$$

$$M(\text{K}_2\text{Cr}_2\text{O}_7) = 294.18$$

六、注意事项

（1）滴定结束后的溶液，放置后会变蓝色。如果不是很快变蓝（经 5 min 以上），则是空气氧化所致，不影响结果。如果很快变蓝，说明 K$_2$Cr$_2$O$_7$ 和 KI 反应不完全。遇此情况，实验应重做。

(2) 滴定开始时要快滴慢摇，以减少 I_2 的挥发，近终点时要慢滴，用力旋摇，以减少淀粉对 I_2 的吸附。

七、思考题

(1) 用 $K_2Cr_2O_7$ 作基准物标定 $Na_2S_2O_3$ 标准溶液时，为什么要加入过量的 KI？为什么加酸后放置一定时间后才加水稀释？如果加 KI 而不加 HCl 溶液或加酸后不放置或少放置一定时间即加水稀释，会产生什么影响？

(2) 为什么在滴定至近终点时才加入淀粉指示剂？过早加入会出现什么现象？

实验十三　高锰酸钾标准溶液的配制与标定

一、实验目的

(1) 掌握 $KMnO_4$ 标准溶液的配制和保存方法。
(2) 掌握用 $Na_2C_2O_4$ 标定 $KMnO_4$ 标准溶液的方法。
(3) 练习用自身指示剂指示终点的方法。

二、实验原理

市售的 $KMnO_4$ 中常含有少量 MnO_2 等杂质，它会加速 $KMnO_4$ 的分解；蒸馏水中也常含有微量的灰尘、氨等有机化合物，它们也能还原 $KMnO_4$。这是不能用直接法配制 $KMnO_4$ 标准溶液的两种原因。由于 $KMnO_4$ 的氧化能力很强，所以易被水中的微量还原性物质还原而产生 MnO_2 沉淀。$KMnO_4$ 在水中能自行分解，即

$$4KMnO_4 + 2H_2O = 4MnO_2\downarrow + 4KOH + 3O_2\uparrow$$

该分解反应的速度较慢，但能被 MnO_2 所加速，见光则分解得更快。为了得到稳定的 $KMnO_4$ 溶液，须将溶液中析出的 MnO_2 沉淀滤掉，并置于棕色瓶中保存。

标定 $KMnO_4$ 标准溶液的基准物有 As_2O_3、纯铁丝、$Na_2C_2O_4$ 等，其中以 $Na_2C_2O_4$ 最为常用。用 $Na_2C_2O_4$ 作基准物时，其标定反应为

$$2MnO_4^- + 5C_2O_4^{2-} + 16H^+ = 2Mn^{2+} + 10CO_2\uparrow + 8H_2O$$

该反应的速度较慢，所以开始滴定时加入的 $KMnO_4$ 不能立即褪色，但一经反应生成

Mn^{2+} 后，Mn^{2+} 对该反应有催化作用，反应速度加快。滴定中常以加热滴定溶液的方法来提高反应速度。

$KMnO_4$ 溶液本身有颜色，当溶液中 MnO_4^- 的浓度约为 $2×10^{-6}$ mol/L 时，人眼即可观察到粉红色。故用 $KMnO_4$ 作滴定剂时，一般不加指示剂，而利用稍过量的 MnO_4^- 的粉红色的出现指示终点的到达。在这里，$KMnO_4$ 称作自身指示剂。

三、实验用品

(1) 仪器　分析天平、托盘天平、酸式滴定管(25 mL、棕色)、锥形瓶(250 mL)、垂熔玻璃漏斗、试剂瓶(500 mL、棕色)、量筒(5 mL、100 mL)、量杯(500 mL)、水浴锅。

(2) 试剂　$KMnO_4$(分析纯)、$Na_2C_2O_4$(基准物质)、H_2SO_4(分析纯)。

四、实验内容

1. $KMnO_4$ 标准溶液(0.02 mol/L)的配制(空白实验)

称取 1.4 g $KMnO_4$，溶于 400 mL 新煮沸放冷的蒸馏水中，置棕色玻璃瓶中，于暗处放置 7～10 天，用垂熔玻璃漏斗过滤，存于另一棕色玻璃瓶中以备用。

2. $KMnO_4$ 标准溶液(0.02 mol/L)的标定

准确称取在 105 ℃干燥至恒重的基准物 $Na_2C_2O_4$ 3 份，每份 0.153～0.187 g，分别置于 3 个锥形瓶中，各加新煮沸并放冷的蒸馏水 100 mL 使之溶解，再加浓 H_2SO_4 5 mL，摇匀。迅速自滴定管中加入 $KMnO_4$ 标准溶液约 20 mL，待褪色后，加热至 65 ℃，继续滴定至溶液显淡粉红色，并保持 30 s 不褪色，即为终点。记录所消耗 $KMnO_4$ 标准溶液的体积(当滴定终了时，溶液的温度应不低于 55 ℃)。

五、实验结果

1. 数据记录

数据记录填入表 4-15。

表 4-15　数据记录表 11

	1	2	3
($Na_2C_2O_4$＋称量瓶)初重/g			
($Na_2C_2O_4$＋称量瓶)末重/g			
$Na_2C_2O_4$ 重/g			

续表

	1	2	3
$KMnO_4$ 终读数/mL			
$KMnO_4$ 初读数/mL			
$V(KMnO_4)$/mL			
$c(KMnO_4)$/(mol·L^{-1})			
$c(KMnO_4)$平均值/(mol·L^{-1})			
相对平均偏差			

2. 结果计算

$$c(KMnO_4) = \frac{m(Na_2C_2O_4)}{V(KMnO_4) \cdot \dfrac{M(Na_2C_2O_4)}{1\,000}} \times \frac{2}{5}$$

$$M(Na_2C_2O_4) = 134.00$$

六、注意事项

(1) $KMnO_4$ 溶液在保存时，受热或受光照将发生分解，即

$$4MnO_4^- + 2H_2O = 4MnO_2 \downarrow + 3O_2 \uparrow + 4OH^-$$

分解产物 MnO_2 会加速此分解反应，所以配好的溶液应贮存于棕色瓶中，并置于冷暗处保存。

(2) $KMnO_4$ 在酸性溶液中是强氧化剂。滴定到达终点的粉红色溶液在空气中放置时，由于和空气中的还原性气体或还原性灰尘作用而逐渐褪色，所以经 30 s 不褪色即可认为到达终点。

七、思考题

(1) 用 $Na_2C_2O_4$ 标定 $KMnO_4$ 溶液的浓度时，是否可用 HCl 或 HNO_3 酸化溶液？

(2) 用 $KMnO_4$ 标准溶液滴定 $Na_2C_2O_4$ 时，应如何从滴定管上读数？

(3) 过滤 $KMnO_4$ 溶液时，能否用滤纸过滤？为什么？

实验十四　直接电位法测定溶液的 pH 值

一、实验目的

(1) 掌握酸度计测定溶液 pH 值的原理和方法。

(2) 学会正确使用酸度计。

(3) 了解标准缓冲溶液的作用和配制方法。

二、实验原理

测定溶液 pH 值的方法最简便的有 pH 试纸法和酸碱指示剂法，但准确度较差，一般仅能准确到 0.1～0.3pH 单位；而用酸度计测定准确度较高，可测定至 pH 值的小数点后第 2 位。

pH 值测定法是测定药品水溶液氢离子浓度的一种方法。pH 值就是水溶液中氢离子浓度(以每升中离子计算)的负对数。

采用电位法测定 pH 值，一般将玻璃电极作为指示电极，饱和甘汞电极为参比电极，浸入被测溶液中组成原电池，用公式表示为

$$(-) \, GE \mid 被测溶液 \parallel SCE(+)$$

三、实验用品

(1) 仪器　pHs - 3C 型酸度计、玻璃电极或 E - 201 - C - 9 型塑壳可充式 pH 复合电极、塑料烧杯(50 mL)、温度计。

(2) 试剂　邻苯二甲酸氢钾标准缓冲液(pH＝4.00)、混合磷酸盐标准缓冲液(pH＝6.86)、硼砂标准缓冲液(pH＝9.18)、1％盐酸溶液、1％氢氧化钠溶液、饱和氯化钾溶液。

四、实验内容

(1) 取下复合电极上的电极套，必要时补充饱和 KCl 溶液，用蒸馏水清洗电极，用滤纸吸去电极上的水。

(2) 接通酸度计电源，按下电源开关，预热仪器 30 min。

(3) 标定。

① 把选择开关旋钮调至 pH 档。

② 调节温度补偿旋钮，使旋钮白线对准溶液温度值(即室温)。

③ 盐酸溶液 pH 值的测定。

把斜率调节旋钮顺时针旋到底(即调到 100％位置)，取 pH 值为 6.86 的混合磷酸盐标准缓冲液对仪器进行校正(定位)，使仪器示值与其一致。仪器校正后，再用 pH 值为 4.00 的邻苯二甲酸氢钾标准缓冲液核对仪器示值，误差不得超过±0.02pH 单位。若大于此偏差，则应小心调节斜率，使仪器值与 pH 值为 6.86 的混合磷酸盐标准缓冲液值相符。重复上

述定位与斜率调节操作,至仪器示值与标准缓冲液的规定数值相差不大于 0.02pH 单位。用小烧杯量取样品适量进行测定,记录 pH 值平行测定 3 次,3 次 pH 的读数相差应不超过 0.1,取 3 次读数的平均值为其 pH 值。

④ 氢氧化钠溶液 pH 值的测定。

把斜率调节旋钮顺时针旋到底(即调到 100% 位置),取 pH 值为 9.18 的硼砂标准缓冲液对仪器进行校正(定位),使仪器示值与其一致。仪器校正后,再用 pH 值为 4.00 的邻苯二甲酸氢钾标准缓冲液核对仪器示值,误差不得超过 ±0.02pH 单位。若大于此偏差,则应小心调节斜率,使仪器示值与 pH 值为 9.18 的硼砂标准缓冲液值相符。重复上述定位与斜率调节操作,至仪器示值与标准缓冲液的规定数值相差不大于 0.02pH 单位。用小烧杯量取样品适量进行测定,记录 pH 值平行测定 3 次,3 次 pH 的读数相差应不超过 0.1,取 3 次读数的平均值为其 pH 值。

(4) 测定完毕,关上"电源"开关,拔去电源。用蒸馏水冲洗电极,将复合电极浸入饱和 KCl 溶液中(或将复合电极下端的电极套套上)。

五、实验结果

数据记录填入表 4-16。

表 4-16　数据记录表 12

测定次数　　供试液	1	2	3
1% 盐酸溶液			
1% 氢氧化钠溶液			

六、注意事项

(1) 根据样品液的 pH 值,选择两种 pH 值相差约 3 个单位的标准缓冲液,使供试液的 pH 值处于两者之间。

(2) 仪器校准时,应选择与供试液 pH 值最接近的标准缓冲液定位。核对用的标准缓冲液与校准用的标准缓冲液,其 pH 差值 ≤3。

(3) 复合电极球泡极薄,安装和操作时应防止碰破。

(4) 每次更换标准缓冲液或供试液前,应用蒸馏水充分洗涤电极,然后将水吸尽,也可用所更换的标准缓冲液或供试液洗涤。

(5) 标定后,定位调节不应再转动位置,否则应重新标定。

七、思考题

(1)"定位"钮为什么要和标准缓冲液配合使用？它的作用是什么？
(2)"温度补偿"钮的作用是什么？

实验十五　葡萄糖注射液的含量测定

一、实验目的

(1)掌握旋光法测定葡萄糖注射液含量的基本原理、操作方法及结果计算。
(2)学会正确使用自动旋光仪。

二、实验原理

葡萄糖分子结构中有多个不对称碳原子，具有旋光性，为右旋体。一定条件下的旋光度是旋光性物质的特性常数，测定葡萄糖的比旋度，可以鉴别药物，也可以反映药物的纯杂程度。

旋光度(α)与溶液的浓度(c)和偏振光透过溶液的厚度(L)成正比。当偏振光通过厚 1 dm 且 1 mL 中含有旋光性物质 1 g 的溶液，使用光线波长为钠光 D 线(589.3 nm)，测定温度为 t ℃时，测得的旋光度称为该物质的比旋度，以$[\alpha]_D^t = \alpha/Lc$ 来表示。

2.0852 的由来：+52.75 为无水葡萄糖的比旋度。计算无水葡萄糖的浓度的公式为

无水葡萄糖浓度　　$c = \dfrac{100}{[\alpha]_D^{20} \cdot L}$

如果换算成一水葡萄糖浓度(c')时，则应为

$$c' = c \times \frac{198.17(一水葡萄糖的分子量)}{180.16(无水葡萄糖的分子量)}$$

$$= \alpha \times \frac{100}{52.75 \times 1} \times \frac{198.17}{180.16}$$

$$= \alpha \times 2.085\ 2$$

所以，测定葡萄糖溶液的旋光度可以求得其含量。

三、实验用品

(1)仪器　自动旋光仪、旋光管、移液管(50 mL)、容量瓶(100 mL)。
(2)试剂　葡萄糖注射液(含量在 10％以上)、氨试液(取浓氨溶液 400 mL、加水使其成

1000 mL）。

四、实验步骤

1. 供试液的配制

精密量取葡萄糖注射液适量(浓度为25％的取40 mL，制成每1 mL中含葡萄糖10 g的溶液)，置于100 mL容量瓶中，加氨试液0.20 mL(10％或10％以下规格的本品可直接取样测定)，用水稀释至刻度，摇匀，静置10 min，即得供试液。

2. 调整零点

将旋光管用蒸馏水冲洗数次，缓缓注满蒸馏水(注意勿使发生气泡)，小心盖上玻璃片、橡胶垫和螺帽，然后以软布或擦镜纸揩干、擦净，认定方向将旋光管置于旋光计内，调整零点。

应当注意的是，旋紧旋光管两端螺帽时，不应用力过大以免产生扭力(若旋得太紧，产生的扭力使管内有空隙)，造成误差。

3. 测定

将旋光管用供试液冲洗数次，按上述同样方式装入供试液并按同一方向置于旋光计内，同样读取旋光度3次，取其平均值与2.085 2相乘，即得供试液的旋光度。根据供试液的旋光度，求得葡萄糖注射液中$C_6H_{12}O_6 \cdot H_2O$的含量。

五、实验结果

1. 数据记录

数据记录填入表4-17。

表4-17 数据记录表13

葡 萄 糖	1	2	3
α			
α平均值			
标示量百分含量/％			

2. 结果计算

$$\bar{\alpha}=\frac{\alpha_1+\alpha_2+\alpha_3}{3}$$

标示量百分含量$=\dfrac{\bar{\alpha}\times 2.085\,2}{c \cdot L}\times 100\%$

式中：α_1，α_2，α_3——测得的旋光度；

2.085 2——常数；

c——每100 mL溶液中所含葡萄糖的重量，g；

L——旋光管的长度，dm。

六、注意事项

(1) 钠光灯启动后至少 20 min 后发光才能稳定，测定或读数时应在发光稳定后进行。

(2) 测定时应调节温度至 20 ℃±0.5 ℃。

(3) 供试液应不显浑浊或含有混悬的小粒，否则应预先过滤并弃去初滤液。

(4) 测定结束后须将测定管洗净晾干，不许将盛有供试品的测试管长时间置于仪器样品室内；仪器不使用时样品室可放硅胶吸潮。

七、思考题

为什么在 10% 以上的葡萄糖溶液中加入氨试液并放置 10 min 后才能测定旋光度？

小·资料 WZZ-2 自动旋光仪的使用方法

旋光仪是测定物质旋光度的仪器。通过对样品旋光度的测定，可以分析确定物质的浓度、含量及纯度等。目前使用较普遍的是国产 WZZ-2 自动旋光仪，该仪器采用光电检测自动平衡原理，进行自动测量，测量结果由数字显示。具有体积小，灵敏度高，读数方便等特点。另外，对目视旋光仪难以分析的低旋光样品也能适应。

1. 构造原理

WZZ-2 自动旋光仪采用 20W 钠光灯作光源，由小孔光栅和物镜组成一个简单的点光源平行光管（见图 4-1），平行光经偏振镜 A 变为平面偏振光，其振动平面为 OO（见

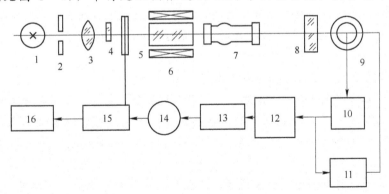

图 4-1　自动旋光仪的构造

1—光源；2—小孔光栅；3—物镜；4—滤光片；5—偏振镜；6—磁旋线圈；7—样品室；8—偏振镜；9—光电倍增管；
10—前置放大器；11—自动高压；12—选频放大器；13—功率放大器；14—伺服电机；15—蜗轮蜗杆；16—计数器

图 4-2a），当偏振光经过有法拉第效应的磁旋线圈时，其振动平面产生 50Hz 的 β 角往复摆动（见图 4-2b），光线经过偏振镜 B 投射到光电倍增管上，产生交变的电讯号。

仪器以两偏振镜光轴正交时（即 OO⊥PP）作为光学零点（OO 为偏振镜 A 的偏振轴，PP 为偏振镜 B 的偏振轴），此时，$\alpha = 0°$。磁旋线圈产生的 β 角摆动，在光学零点时得到 100 Hz 的光电讯号；在有 α_1 或 α_2 的试样时得到 50 Hz 的讯号，但它们的相位正好相反。因此，能使工作频率为 50 Hz 的伺服电机转动。伺服电机通过蜗轮、蜗杆将偏振镜转过 α（$\alpha = \alpha_1$ 或 $\alpha = \alpha_2$），仪器回到光学零点，伺服电机在 100 Hz 讯号的控制下，重新出现平衡指示。

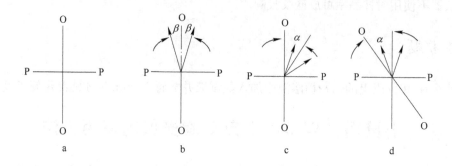

图 4-2 旋光仪工作原理

a—偏振镜 A 产生的偏振光在 OO 平面内振动；b—通过磁旋线圈后的偏振光振动面以 β 角摆动；
c—通过样品后的偏振光振动面旋转 α_1；d—仪器示数平衡后偏振镜 A 反向转过 α_1 补偿了样品的旋光度

2. 使用方法

1）操作步骤

（1）将仪器电源插头插入 220 V 交流电源，并将接地线可靠接地。

（2）打开电源开关，这时钠光灯应启亮，需经 5 min 钠光灯预热，使之发光稳定。

（3）打开电源开关（若光源开关打开后，钠光灯熄灭，则再将光源开关上下重复打开 1～2 次，使钠光灯在直流下点亮，为正常）。

（4）打开测量开关，这时数码管应有数字显示。

（5）将装有蒸馏水或其他空白溶剂的试管放入样品室，盖上箱盖，待示数稳定后，按清零按钮。试管中若有气泡，应先让气泡浮在凸颈处。通光面两端的雾状水滴，应用软布揩干。试管螺帽不宜旋得过紧，以免产生应力，影响读数。试管安放时应注意标记的位置和方向。

（6）取出试管，将待测样品注入试管，按相同的位置和方向放入样品室内，盖好箱盖。仪器数显窗将显示出该样品的旋光度。

（7）逐次按下复测按钮，重复读几次数，取平均值作为样品的测定结果。

（8）如样品超过测量范围，仪器在 ±45 处来回振荡。此时取出试管，打开箱盖按箱内回零按钮,仪器即自动转回零位。

(9) 仪器使用完毕后,应依次关闭测量、光源、电源开关。

(10) 钠灯在直流供电系统出现故障不能使用时,仪器也可在钠灯交流供电的情况下测试,但仪器的性能可能略有降低。

(11) 当放入小角度样品(小于0.5°)时,示数可能变化,这时只要按复测按钮,就会出现新的数字。

2) 浓度或含量测定

先将已知纯度的标准品或参考样品按一定比例稀释成若干只不同浓度的试样,分别测出其旋光度,然后以横坐标为浓度,纵坐标为旋光度,绘成旋光曲线。一般旋光曲线均按算术插值法制成查对表形式。测定时,先测出样品的旋光度,根据旋光度从旋光曲线上查出该样品的浓度和含量。旋光曲线应用同一台仪器、同一支试管来做,测定时应予注意。

3) 比旋度、纯度测定

先按药典规定的浓度配制溶液,依法测出旋光度,然后计算出比旋度$[\alpha]_D^t$,即

$$[\alpha]_D^t = \frac{\alpha}{L \cdot c}$$

式中:α——测得的旋光度,(°);

c——溶液的浓度,g/mL;

L——溶液的长度,dm。

由测得的比旋度,可求得样品的纯度,计算公式为

$$纯度 = \frac{实测比旋度}{理论比旋度}$$

3. 注意事项

(1) 仪器应放在干燥通风处,防止潮气侵蚀,尽可能在20℃的工作环境中使用仪器,搬动仪器应小心轻放,避免震动。

(2) 光源(钠光灯)积灰或损坏,可打开机壳进行擦净或更换。

(3) 机械部门摩擦阻力增大,可以打开后门板,在伞形齿轮蜗轮杆处加少许机油。

(4) 如果仪器发现停转或其他元件损坏的故障,应由维修人员进行检修。

实验十六 植物中可溶性还原糖的测定

一、实验目的

(1) 学会用3,5-二硝基水杨酸比色法测定可溶性还原糖的含量。

(2) 学会 722 型分光光度计的使用。

二、实验原理

3,5-二硝基水杨酸与还原糖共热后,被还原成红色的氨基化合物。在一定的范围内,还原糖的量与棕红色的深浅成正比关系,可用比色法测定糖的含量。

本法操作简便,快速,杂质干扰较小。

三、实验用品

(1) 仪器 分析天平、722 型分光光度计、比色皿、大试管、水浴锅、纱布或滤纸、容量瓶(100 mL)、小烧杯、剪刀或研钵、比色管、移液管(1 mL、2 mL)、量筒(25 mL)、坐标纸。

(2) 试剂 3,5-二硝基水杨酸(DNS 试剂)、葡萄糖(105 ℃干燥至恒重,分析纯)、辣椒或黄瓜。

四、实验内容

1. 葡萄糖标准溶液配制

准确称取在 105 ℃干燥至恒重的葡萄糖 0.1000 g,溶于水后,定容至 100 mL,摇匀,备用。

2. 样品中可溶性还原糖的提取

准确称取 1.900 0～2.000 0 g 新鲜辣椒(或 4.900 0～5.000 0 g 黄瓜)1 份。剪碎或研碎,放入大试管中,加水 20 mL,在沸水中加热,提取 20 mL,冷却后过滤(用纱布过滤)置于100 mL 容量瓶中(若浸提取液颜色深则过滤到小烧杯中,再用快速滤纸过滤一遍),水洗残渣 2～3 次,定容至刻度备用。

3. 标准曲线的制定

① 取 7 支比色管,编号后按表 4 - 18 加试剂,由浓到稀配制标准系列溶液,将各管混匀。

② 以第一管为空白,在 520 nm 波长下测定吸光度。

③ 以葡萄糖含量为横坐标,吸光度(A)值为纵坐标,绘制标准曲线后,查得样品液中所含还原糖量的数值。

五、实验结果

1. 数据记录

数据记录填入表4-18。

表4-18 数据记录表14

项 目	标 准 管					项 目	样 品 管	
	1	2	3	4	5		1	2
含糖量/mg	0	0.2	0.4	0.6	0.8	样品液/mL	1.0	1.0
蒸馏水/mL	2.0	1.8	1.6	1.4	1.2		1.0	1.0
DNS试剂/mL	1.0	1.0	1.0	1.0	1.0		1.0	1.0
葡萄糖液/mL	0	0.2	0.4	0.6	0.8	—	—	—
蒸馏水/mL	22	22	22	22	22	蒸馏水/mL	22	22
A/520 nm								

2. 结果计算

$$还原糖\% = \frac{曲线中查得糖的毫克数 \times 样品的稀释倍数}{样品重 \times 1\,000} \times 100$$

六、注意事项

(1) 比色皿洗净后用所盛溶液润洗3次。

(2) 用擦镜纸轻轻擦干比色皿的外表。

(3) 测吸光度时由稀到浓溶液测定。

(4) 读出3位有效数字。

(5) 测量完毕，须及时切断电源，比色皿用蒸馏水洗干净，登记使用情况，盖好防护罩。

 小资料 752N紫外分光光度计使用说明

紫外-可见分光光度计的型号及种类较多，目前使用较普遍的是国产752N紫外分光光度计，它可用于测定紫外、可见光区的吸收光谱。

1. 仪器的主要技术指标

(1) 波长范围：200～800 nm

(2) 波长准确度：±2 nm

(3) 波长重复性：≤1 nm

(4) 光谱带宽：5 nm

(5) 杂光：0.5%T(在 220 nm、340 nm 处)

(6) 透光率测量范围：0.0%~100.0%T

(7) 吸光度测量范围：0.000~1.999A

(8) 浓度直读范围：0 000~1 999C

(9) 透光率准确度：±0.5%T

(10) 透光率重复性：0.2%T

(11) 电源：AC220 V±22 V　50±1 Hz

2. 仪器的工作原理

分光光度计的基本原理是溶液中的物质在光的照射激发下，产生了对光的吸收效应，物质对光的吸收是具有选择性的。各种不同的物质都具有其各自的吸收光谱，因此当某单色光通过溶液时，其能量就会被吸收而减弱，光能量减弱的程度和物质的浓度有一定的比例关系，即符合比耳定律。(见图4-3)

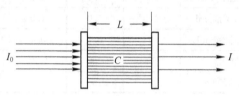

图4-3　光能量与物质的浓度关系

$$A = -\lg T = -\lg I/I_0 = ECL$$

式中：

A——吸收度；

T——透光率；

I——透射光强度；

I_0——入射光强度；

E——吸收系数；

C——被测物质溶液的浓度；

L——光路长度。

由此可知，当入射光、吸收系数和光路长度不变时，透射光是根据溶液的浓度而变化的，这就是紫外分光光度法用于药物定量测定的根据。

3. 仪器的光学系统

752N 紫外可见分光光度计采用光栅自准式色散系统和单光束结构光路，布置如图4-4。

氘灯、钨卤素灯发出的边缘辐射光经滤

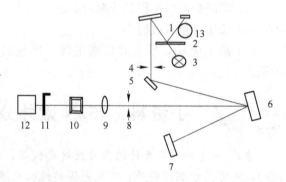

图4-4　752N 型紫外分光光度计光路系统

1—聚光镜；2—滤色片；3—钨卤素灯；4—进狭缝；
5—反射镜；6—准直镜；7—光栅；8—出狭缝；9—聚光镜；
10—样品架；11—光门；12—光电池；13—氘灯

色片选择后，由聚光镜聚光后投向单色器进狭缝，此狭缝正好位于聚光镜及单色器内准直镜的焦平面上，因此进入单色器的复合光通过平面反射镜反射及准直镜准直后变成平行光射向色散元舍近求远光栅，光栅将入射的复合光通过衍射作用形成按照一定顺序均匀排列的连续的单色光谱，此单色光谱重新回到准直镜上，由于仪器出射狭缝设置在准直镜的焦平面上，这样，从光栅色散出来的光谱经准直镜后利用聚光原理成像在出射狭缝上，出射狭缝选出指定带宽的单色光通过聚光镜落在试样室被测样品中心，样品吸收后透射的光经光门射向光电池接收。

4. 使用方法

(1) 仪器通电后预热 30 min 后即能稳定工作。

(2) 本仪器键盘共有 4 个键，分别为：

① A/T/C/F

② SD

③ ▽/0%

④ △A/100%

(1) A/T/C/F 键。每按此键来切换 A、T、C、F 之间的值。其中，A 为吸光度(Absorbance)，T 为透光率(Trans)，C 为被测物质溶液的浓度(Conc.)，F 为斜率(Factor)。

对于 F 值的确定，是把 A/T/C/F 键切换到 F 状态，然后用▽/0%或△/100%来调节，调好后按 SD 确认。

(2) SD 键。此键具有 2 个功能。

一是用于 RS232 串行口和计算机传输数据(单向传输数据，仪器发向计算机)。

二是当处于 F 状态时，具有确认的功能，即确认当前的 F 值，并自动转到 C，计算当前的 C 值(C＝F * A)。

• ▽/0%键。此键有 2 个功能。一是调零：只有在 T 状态时有效，打开样品室盖，按键后应显示 000.0。

二是下降键：只有在 F 状态时有效，按本键 F 值会自动减 1，如果按住本键不放，自动减 1 会加快速度。如果 F 值为 0 后，再按键它会自动变为 1999，再按键开始自动减 1。

• △A/100%键。此键具有 2 个功能。

一是只有在 A、T 状态时有效，关闭样品室盖，按键后应显示 0.000、100.0。

二是上升键：只有在 F 状态时有效，按本按本键 F 值会自动加 1，如果按住本键不放，自动加 1 会加快速度；如果 F 值为 1999 后，再按键它会自动变为 0，再按键开始自动加 1。

(3) 需要用同一标准溶液测试几个试样溶液时，只要重复以上方法即可。

(4) 在使用过程中如需取出比色皿更换试样溶液，必须注意应先推入光门钮(使光电管前的光门关闭)，然后方能开启试样室盖。

5. 注意事项

(1) 为确保仪器稳定，最好用稳压器，以免外接不稳定电源造成仪器测定不稳定。仪器在使用时，发现光源不亮，电表指针不动，应先检查保险丝有无损坏，然后再检查电路。

（2）为了避免仪器积尘和沾污，用后应用仪器罩罩住整个仪器，在套子内可放数袋防潮硅胶，以防止灯室受潮，以及反射镜镜面发霉或玷污，影响仪器的使用。

（3）当仪器停止工作时，比色皿座内放一干燥剂。应关闭仪器电源开关，再切断电源。

（4）比色池使用完毕后，立即用水冲洗干净，并用擦镜纸或柔软、干净的绸布擦净水迹，以防止表面光洁度破坏，影响比色池的透光率。比色池使用时应注意配对。

（5）仪器工作一个月左右或搬动后，要检查波长准确度，以确保仪器的使用和测定精度。

附录 A 国际单位制(SI)

国务院于 1997 年 5 月 27 日颁发的《中华人民共和国计量管理条例(试行)》第三条规定："我国的基本计量单位是米制(即'公制'),逐步采用国际单位制"。

国际单位制的国际代号为 SI,我国简称为国际制。国际单位制中构成一贯体系的基本单位、辅助单位和导出单位称为国际单位(SI 单位),而用来构成国际制单位的十进倍数单位和分数单位的词冠。

在国际单位制中,规定了 7 个基本单位,其名称和符号见附表 A-1。SI 的词冠见表 A-2。

表 A-1 SI 基本单位

量 的 名 称	单 位 名 称	单 位 符 号	
		国　际	中　文
长度	米(meter)	m	米
质量	千克,公斤(kilogram)	kg	千克
时间	秒(second)	s	秒
电流	安培(Ampare)	A	安
热力学温度	开尔文(Kelvin)	K	开
物质的量	摩尔(mole)	mol	摩
发光强度	坎德拉(candela)	cd	坎

表 A-2 SI 的词冠

因　数	词　冠	单 位 符 号		因　数	词　冠	单 位 符 号	
		中 文	国 际			中 文	国 际
10^{18}	艾可萨(exa)	艾	E	10^{-1}	分(deci)	分	d
10^{15}	拍它(peta)	拍	P	10^{-2}	厘(centi)	厘	c
10^{12}	太拉(tera)	太	T	10^{-3}	毫(milli)	毫	m
10^{9}	吉咖(giga)	吉	G	10^{-6}	微(micro)	微	μ
10^{6}	兆(mega)	兆	M	10^{-9}	纳诺(nano)	纳	n
10^{3}	千(kilo)	千	k	10^{-12}	皮可(pico)	皮	p
10^{2}	百(hecto)	百	h	10^{-15}	飞母托(femto)	飞	f
10^{1}	十(deca)	十	da	10^{-18}	阿托(atto)	阿	a

附录 B 常用的物理常数和单位换算

表 B-1 常用的物理常数

物　理　量	数　　值
真空中的光速	$2.997\ 924\ 58\times10^8\ \mathrm{m\cdot s^{-1}}$
电子电荷	$1.602\ 189\ 2\times10^{-19}\ \mathrm{C}$
电子静止质量	$9.109\ 534\times10^{-31}\ \mathrm{kg}$
玻尔(Bohr)半径	$5.291\ 770\ 6\times10^{-11}\ \mathrm{m}$
摩尔体积(理想气体，0 ℃，101.325 kPa)	$22.413\ 83\times10^{-3}\ \mathrm{m^3\cdot mol^{-1}}$
摩尔气体常数	$8.314\ 41\ \mathrm{J\cdot mol^{-1}\cdot K^{-1}}$
阿伏伽德罗(Avogadro)常数	$6.022\ 045\times10^{23}\ \mathrm{\cdot mol^{-1}}$
里德泊(Rydlberg)常数	$1.097\ 373\ 177\times10^7\ \mathrm{m^{-1}}$
普朗克(Planck)常数	$6.626\ 176\times10^{-34}\ \mathrm{J\cdot s}$
玻尔兹曼(Boltsmann)常数	$1.380\ 662\times10^{-23}\ \mathrm{C\cdot mol^{-1}}$
法拉第(Faraday)常数	$9.648\ 456\times10^4\ \mathrm{C\cdot mol^{-1}}$

表 B-2 常用单位换算

1 米(m)＝100 厘米(cm)＝10^3 毫米(mm)＝10^6 微米(μm)＝10^9 纳米(nm)＝10^{12}皮米(pm)

大气压(atm)＝1.013 25 巴(Bars)＝1.013 25×10^5 帕(Pa)＝760 毫米汞柱(mmHg)

0 ℃＝103 3.26 厘米水柱($\mathrm{cmH_2O}$)(4 ℃)

1 大气压·升＝1.013 3 焦耳(J)＝24.202 卡(cal)

1 卡(cal)＝4.184 0 焦耳(J)＝4.184 0×10^7 尔格(erg)

1 电子伏特(eV)＝1.602×10^{-19}焦(J)＝23.06 千卡·摩$^{-1}$(kcal·$\mathrm{mol^{-1}}$)

0 ℃＝273.15 K

附录 C 常用酸碱溶液的相对密度、质量分数、质量浓度和物质的量浓度

表 C-1 常用酸碱溶液的相对密度、质量分数、质量浓度和物质的量浓度

化学式(20 ℃)	相对密度	质量分数/%	质量浓度/$(g \cdot cm^{-3})$	物质的量/$(mol \cdot L^{-1})$
浓 HCl	1.19	38.0		12
稀 HCl			10	2.8
稀 HCl	1.10	20.0		6
浓 HNO_3	1.42	69.8		16
稀 HNO_3			10	1.6
稀 HNO_3	1.2	32.0		6
浓 H_2SO_4	1.84	98		18
稀 H_2SO_4			10	1
稀 H_2SO_4	1.18	24.8		3
浓 HAc	1.05	90.5		17
HAc	1.045	36~37		6
$HClO_4$	1.47	74		13
H_3PO_4	1.689	85		14.6
浓 $NH_3 \cdot H_2O$	0.90	25~27(NH_3)		15
稀 $NH_3 \cdot H_2O$		10(NH_3)		6
稀 $NH_3 \cdot H_2O$		2.5(NH_3)		1.5
NaOH	1.109	10		2.8

附录 D 常用资料

表 D-1 水质按硬度的分类

总 硬 度	水 质
0°～4°	很 软 水
4°～8°	软 水
8°～16°	中 等 硬 水
16°～30°	硬 水
≥30°	很 硬 水

表 D-2 部分元素电负性表

H 2.1								He
Li 1.0	Be 1.5		B 2.0	C 2.5	N 3.0	O 3.5	F 4.0	Ne
Na 0.9	Mg 1.2		Al 1.5	Si 1.8	P 2.1	S 2.5	Cl 3.6	Ar
K 0.9	Ca 1.5	Sc 1.8	Zn 2.8	Ga 0.8	Ge 1.0	As 1.3	Se 1.5	Br 1.6	Kr
Rb 0.9	Sr 1.0	Y 1.2	... Cd 1.7	In 1.7	Sn 1.8	Sb 1.9	Te 2.1	I 2.5	Xe
Cs 0.70	Ba 0.8	La 1.1	... Hg 1.9	Tl 1.8	Pb 1.8	Bi 1.9	Po 2.0	At 2.2	Rn

表 D-3 我国化学试剂(通用)的等级标志

级别	一 级 品	二 级 品	三 级 品	四 级 品	
中文标志名称	保证试剂 优级纯	分析试剂 分析纯	化 学 纯	实验试剂 医用	生物试剂
符号	GR	AR	CP	LR	BR 或 CR
瓶签颜色	绿色	红色	蓝色	浅紫色或黑色	黄色或其他色
适用范围	最精确的分析和研究工作	精确分析和研究工作	一般工业分析	普通实验及制备实验	

说明：化学试剂的纯度标准分5种：

(1)国家标准以符号"GB"表示；

(2)化学工业部标准以符号"HG"表示；

(3)化学工业部暂行标准以符号"HGB"表示；

(4)地方企业标准；

(5)厂定标准。

表 D-4 几种可燃性气体的燃点、最高火焰温度、爆炸范围

气体(蒸气)		燃点/℃	燃烧时最高火焰温度/℃		混合物中爆炸限度(气体的体积%,为101.325 kPa压力)	
			在空气中	在氧气中	与空气混合	与氧气混合
一氧化碳	CO	650	2 100	2 925	12.5～75	13～96
氢气	H₂	585	2 024	2 525	4.1～75	4.5～9.5
硫化氢	H₂S	260	—	—	4.3～45.4	—
氨气	NH₃	650	—	—	15.7～27.4	14.8～79
甲烷	CH₄	537	1 875	—	5.0～15	5.4～59.2
乙醇	C₂H₅OH	558	400	—	3.28～18.95	—
煤气			1 918			
乙炔	C₂H₂	406－440	2 325	3 005	3.0～80	
乙醚		57			1.8～40	

使用钢瓶时的注意事项

(1) 钢瓶应放在阴凉、干燥、远离热源(如阳光、暖气、炉火)的地方。盛可燃性气体钢瓶必须与氧气分开存放。

(2) 绝对不可使油或其他易燃物、有机物沾在气体钢瓶上(特别是气门嘴和减压器处)。也不得用棉、麻等物堵漏,以防燃烧引起事故。

(3) 使用钢瓶中的气体时,要用减压器(气压表)。可燃性气体钢瓶的气门是逆时针拧紧的,即螺纹是反扣的(如氢气、乙炔气);非燃或助燃性气体钢瓶的气门是顺时针拧紧的,即螺纹是正扣的。各种气体的气压表不得混用。钢瓶内的气体绝不能全部用完!

(4) 为了避免把各种气瓶混淆而用错气体(这样会发生很大事故),通常在气瓶外面涂以特定的颜色以便区别,并在瓶上写明气体的名称(见表D-5)。

表 D-5 我国高压气体钢瓶常用的标记

气体类别		瓶身颜色	标字颜色	腰带颜色
氮气	N₂	黑色	黄色	棕色
氧气	O₂	天蓝色	黑色	—
氢气	H₂	深绿色	红色	—
空气		黑色	白色	—
氨气	NH₃	黄色	黑色	—
二氧化碳气	CO₂	黑色	黄色	绿色
氯气	Cl₂	黄绿色	黄色	绿色
乙炔气	C₂H₂	白色	红色	—
其他一切可燃气体		黑色	黄色	—
其他一切非可燃气体		红色	白色	—

表D-6 干燥剂干燥对象

成 分	属 性		
干 燥 剂	酸 性	碱 性	中 性
被 干 燥 物	酸性或中性	碱性或中性	酸性或碱性或中性

表D-7 主要干燥剂与可用来干燥的气体

干燥剂	可干燥的气体								
$CaCl_2$	N_2	O_2	H_2	HCl	H_2S	CO_2	CO	SO_2	CH_4
P_2O_5	N_2	O_2	H_2			CO_2	CO	SO_2	CH_4
H_2SO_4(浓)	N_2	O_2	H_2	Cl_2		CO_2	CO	SO_2	
CaO(碱石灰)	NH_3								
KOH	NH_3								
$CaBr_2$				HBr					
CaI_2				HI					

表D-8 各类有机化合物的常用干燥剂

液态有机化合物	适用的干燥剂
醚类、烷烃、芳烃	$CaCl_2$，Na，P_2O_5
醇类	K_2CO_3，$MgSO_4$，Na_2SO_4，CaO
醛类	$MgSO_4$，Na_2SO_4
酮类	K_2CO_3，$MgSO_4$，Na_2SO_4
酸类	$MgSO_4$，Na_2SO_4
酯类	K_2CO_3，$MgSO_4$，Na_2SO_4
卤代烃	$MgSO_4$，Na_2SO_4，$CaCl_2$，P_2O_5
有机碱类(胺类)	NaOH，KOH

表D-9 几种常用洗液的配制及其使用

洗液名称	配 制 方 法	洗 液 特 点	实用注意事项
铬酸洗液	洗液为红褐色，一般浓度为5%～12%。配制5%洗液：重铬酸钾或重铬酸钠20 g溶于40 mL水中，慢慢加入360 mL工业浓硫酸	强酸性，具有很强氧化力，用于去除油污	(1) 使用时要特别小心，以防腐蚀皮肤和衣服 (2) 废液不可随便排放，要进行处理 (3) 洗液若呈现绿色，则表示已失效
碱性高锰酸钾洗液	4 g高锰酸钾溶于少量水中，加入100 mL 10%氢氧化钠溶液	作用缓慢，适于洗涤油腻及有机物	洗后玻璃器皿上留有二氧化锰沉淀物，可用浓盐酸或亚硫酸钠溶液处理

附录 E   物质的检验

表 E-1   几种离子的鉴别

离　子	试　剂	方　法	现　象	反　应　方　程　式
H^+	紫色石蕊液	滴　加	变　红	
	酚酞溶液	滴　加	无 变 化	
OH^-	紫色石蕊液	滴　加	变　蓝	
	酚酞溶液	滴　加	变　红	
Cl^-			产生白色沉淀，不溶于稀 HNO_3	$Ag^+ + Cl^- = AgCl\downarrow$
Br^-			产生淡黄色沉淀，不溶于稀 HNO_3	$Ag^+ + Br^- = AgBr\downarrow$
I^-	$AgNO_3$ 溶液和稀 HNO_3	先 滴 加 $AgNO_3$ 溶液再滴加稀 HNO_3	产生黄色沉淀，不溶于稀 HNO_3	$Ag^+ + I^- = AgI\downarrow$
PO_4^{3-}			产生黄色沉淀，溶于稀 HNO_3	$Ag^+ + PO_4^{3-} = Ag_3PO_4\downarrow$ Ag_3PO_4 溶解于稀 HNO_3
SO_4^{2-}	$BaCl_2$ 溶液和稀 HNO_3	先加 $BaCl_2$ 液后加稀 HNO_3	产生白色沉淀，不溶于稀 HNO_3	$Ba^{2+} + SO_4^{2-} = BaSO_4\downarrow$
CO_3^{2-}	HCl 盐酸	滴　加	放出 CO_2，使石灰水变浑	$CO_3^{2-} + 2H^+ = H_2O + CO_2\uparrow$ $CO_2 + Ca(OH)_2 = CaCO_3\downarrow + H_2O$
Ag^+	含 Cl^- 溶液和稀 HNO_3	滴　加	产生白色沉淀，不溶于稀 HNO_3	$Ag^+ + Cl^- = AgCl\downarrow$
Ba^{2+}	含 SO_4^{2-} 溶液和稀 HNO_3	滴　加	产生白色沉淀，不溶于稀 HNO_3	$Ba^{2+} + SO_4^{2-} = BaSO_4\downarrow$
NH_4^+	碱	加入碱	有氨气放出	$NH_4^+ + OH^- = NH_3 + H_2O$

表 E-2   几种气体的鉴别

气　体	试　剂	鉴别方法和现象	反　应　方　程　式
O_2		用带火星的木条接触，火星复燃	
H_2		点燃有浅蓝色火焰，生成水	
N_2		能使燃着的木条熄灭，不能使澄清的石灰水变浑	
Cl_2	KI 淀粉试纸	黄绿色气体，使湿润的碘化钾淀粉试纸变蓝	$2KI + Cl_2 = 2H_2O + I_2$ $I_2 + 淀粉 \rightarrow 显蓝色$
HCl	湿蓝石蕊试纸	遇湿润的蓝色石蕊试纸变红，遇浓氨水冒白烟	$NH_3 + HCl = NH_4Cl$
CO_2	澄清石灰水	能使燃着的木条熄灭，不能使澄清的石灰水变浑	$CO_2 + Ca(OH)_2 = CaCO_3\downarrow + H_2O$
NH_3	浓盐酸	用玻璃棒沾浓盐酸接触产生白烟，遇湿润的红色石蕊试纸变蓝	$HCl + NH_3 = NH_4Cl$

表 E - 3　几种离子颜色反应

K^+		K^+	浅紫色（透过蓝色钴玻璃）
Na^+		Na^+	黄色
Ca^{2+}	用铂丝蘸取少量试液于酒精灯火焰上灼烧	Ca^{2+}	砖红色
Sr^{2+}		Sr^{2+}	洋红色
Ba^{2+}		Ba^{2+}	黄绿色

附录 F 危险药品的分类、性质和管理

危险药品是指受光、热、空气、水或撞击等外界因素的影响，可能引起燃烧、爆炸的药品或具有强腐蚀性、剧毒性的药品。

表 F-1 常用危险药品按危害性的分类及管理

类　别		举　例	性　质	注意事项
1. 爆炸品		硝酸铵、苦味酸、三硝基甲苯	遇高热摩擦、撞击，引起剧烈反应，放出大量气体和热量，产生猛烈爆炸	存放于阴凉、低温处，轻拿、轻放
2.易燃品	易燃品	丙酮、乙醚、甲醇、乙醇、苯等有机溶剂	沸点低，易挥发，遇火则燃烧，甚至引起爆炸	存放阴凉处，远离热源，使用时注意通风，不得有明火
	易燃固体	赤磷、硫、萘、消化纤维	燃点低，受热、摩擦、撞击或遇氧化剂，可引起剧烈连续燃烧、爆炸	存放阴凉处，远离热源，使用时注意通风，不得有明火
	易燃气体	氢气、乙炔、甲烷	因受热、撞击引起燃烧；与空气按一定比例混合，则会爆炸	使用时注意通风，如为钢瓶气，不得在实验室存放
	遇水易燃品	钾、钠	遇水剧烈反应，产生可燃气体并放出热量，此反应热会引起燃烧	保存于煤油中，切勿与水接触
	自燃品	黄磷、白磷	在适当温度下被空气氧化、放热，达到燃点而引起自燃	保存于水中
3. 氧化剂		硝酸钾、氯酸钾、过氧化氢、过氧化钠、高锰酸钾	具有强氧化性、遇酸、受热、与有机物、易燃品、还原剂等混合时，因反应引起燃烧或爆炸	不得与易燃品、爆炸品、还原剂等一起存放
4. 剧毒品		氰化钾、三氧化二砷、升汞	剧毒，少量侵入人体(误食或接触伤口)引起中毒，甚至死亡	专人、专柜保管，现用现领，用后的剩余物，不论是固体或液体都要交回保管人，并应设有使用登记制度
5. 腐蚀性药品		强酸、氟化氢、强碱、溴、酚	具有强腐蚀性，触及物品造成腐蚀、破坏，触及人体皮肤，引起化学烧伤	不要与氧化剂、易燃品、爆炸品放在一起

附录 G 酸、碱和盐溶解性表(20 ℃)

阳离子 \ 阴离子	OH⁻	NO₃⁻	Cl⁻	SO₄²⁻	S²⁻	SO₃²⁻	CO₃²⁻	SiO₃²⁻	PO₄³⁻
H^+		溶、挥	溶、挥	溶	溶、挥	溶、挥	溶、挥	微	溶
NH_4^+	溶、挥	溶	溶	溶	溶	溶	溶	溶	溶
K^+	溶	溶	溶	溶	溶	溶	溶	溶	溶
Na^+	溶	溶	溶	溶	溶	溶	溶	溶	溶
Ba^{2+}	溶	溶	溶	不	—	不	不	不	不
Ca^{2+}	微	溶	溶	微	—	不	不	不	不
Mg^{2+}	不	溶	溶	溶	—	微	微	不	不
Al^{3+}	不	溶	溶	溶	—	—	—	不	不
Mn^{2+}	不	溶	溶	溶	不	不	不	不	不
Zn^{2+}	不	溶	溶	溶	不	不	不	不	不
Cr	不	溶	溶	溶	—	—	—	—	不
Fe^{2+}	不	溶	溶	溶	不	不	不	不	不
Fe^{3+}	不	溶	溶	溶	—	—	不	不	不
Sn^{2+}	不	溶	溶	溶	不	—	—	—	不
Pb^{2+}	不	溶	微	不	不	不	不	不	不
Bi^{3+}	不	溶	—	溶	不	不	不	—	不
Cu^{2+}	不	溶	溶	溶	不	—	不	不	不
Hg^+	—	溶	不	微	不	不	不	—	不
Hg^{2+}	—	溶	溶	溶	不	—	不	—	不
Ag^+	—	溶	不	微	不	不	不	不	不

说明:"溶"表示那种物质可溶于水,"不"表示不溶于水,"微"表示微溶于水,"挥"表示挥发性,"—"表示那种物质不存在或遇到水就分解了。

酸碱盐溶解性表歌谣

I	II
钾钠铵盐硝酸盐	钾钠铵盐都可溶
都可溶在水中间	硝盐遇水影无踪
盐酸盐中银亚汞	盐酸盐不溶银亚汞
硫酸盐中钡和铅	硫酸盐不溶钡和铅
没有它们都可溶	溶碱只有钾钠钡钙铵
有了它们生沉淀	

附录 H　希腊字母

字　母		读　音		字　母		读　音	
A	α	alpha	阿尔发	N	ν	nu	纽
B	β	beta	贝塔	Ξ	ξ	xi	克西
Γ	γ	gamma	伽马	Π	π	omictor	欧米克伦
Δ	δ	delta	得尔塔	O	o	pi	派
E	ε	epsilon	衣普西隆	P	ρ	rho	洛
Z	ζ	zeta	尾塔	Σ	σ	sigma	西格马
H	η	eta	艾塔	T	τ	tau	陶
Θ	θ	theta	西塔	Υ	υ	upsilon	尤皮西隆
I	ι	iota	育塔	Φ	$\phi\varphi$	phi	佛爱
K	κ	kappa	卡帕	X	χ	chi	克黑
Λ	λ	lambda	兰姆达	Ψ	ψ	psi	普西
M	μ	mu	米尤	Ω	ω	omega	欧米嘎

附录 I 元素周期表的序数、周期、族数记忆技巧

附录 I-1 元素周期表的序数记忆技巧

氢氦锂铍硼碳氮

氧氟氖钠镁铝硅

磷硫氯氩钾钙钪

钛钒铬锰铁钴镍

铜锌镓锗砷硒溴

氪铷锶钇锆铌钼

锝钌铑钯银镉铟

锡锑碲碘氙铯钡

镧铈镨钕钷钐铕

钆铽镝钬铒铥镱

镥铪钽钨铼锇铱

铂金汞铊铅铋钋

砹氡钫镭锕钍镤

铀镎钚镅锔锫锎

锿镄钔锘锘鿔鐒

附录 I-2 周期表分族数记忆技巧①

周期表，十六族

七个主族挨着数

碱金属第一行

锂、钠、钾、铷和铯钫

碱土金属第二类

铍、镁、钙、锶和钡镭

硼族算是第三家

---

① 快板，由任骋提供。

硼、铝、镓、铟还有铊

碳族位于正中间

碳、硅、锗、锡还有铅

氮族排行是老五

氮、磷、砷、锑、铋必记熟

第六族是氧族

氧，硫再加硒碲钋

第七氟、氯、溴、碘、砹

起名卤素点豆腐

数罢主族数副族

家有家，户有户

第一就是铜、金、银

第二副族锌、镉、汞

三种元素要记清

第三副族牢牢记

钪、钇、镧系和锕系

钛、锆属于第四族

后面跟着铪和𬬭

钒、铌、钽、𬭊第五族

六族就是铬钼钨

第七族、锰锝铼

一个一个记心怀

数了主族数副族

还有零族和八族

零族懒惰成了性

氦氖氩氪又氙氡

八族一共九元素

上下三行分清楚

左一行，铁钌锇

右一行，镍钯铂

中间三个钴铑铱

按着顺序记仔细

所有元素都记住

到今发现一一二

此曲熟读下工夫

背会定有大用处

附录 J　部分实验仪器操作过程技巧方法

1. 排水集气法技巧

满水、无泡倒立水中

放完、充气撤管撤灯

2. 液体药品的拿、量、放、注

拿瓶标签对虎口

瓶盖倒置别乱丢

量液注意弯月背

取后塞好药送回

3. 漏斗使用和注意事项

四靠两不过

一角二低三碰

4. 分析天平使用口诀

称质量，用天平

使用前，先调整

一调低水平

再调指针零

左物右码

先减后增

称时需起动

操作先止动

起动、止动、细心、稳重

5. 试管振摇操作方法

三指捏

两指拳

腕动臂不动

附录 K　学习有机化学口诀^①

烷　烃

单键结成饱和烃，性质一般很稳定。
遇见酸碱都不动，高锰酸钾不反应。
不聚合来不加成，溴水不褪色棕红。
卤素取代能发生，生成卤烷卤化氢。
甲烷具有代表性，天然气是它大本营。
农村建立沼气坑，垃圾粪便把气生。
用来做饭和照明，既方便来又卫生。
高温裂解制乙炔，重要原料于化工。
一千度时来裂解，生成碳黑加上氢。
炭墨虽黑很有用，增强橡胶机械性。

烯　烃

烯烃分子有双键，性质与烷不一般。
双键活跃易反应，能聚合来能加减。
通入溴水褪棕色，高锰酸钾也反应。
均可用来作鉴定，乙烯聚合成塑料。
做盆做碗都用到，要制乙烯也方便。
乙醇脱水加硫酸，温度略过一百六。
偏低就会把醚变。

---

① 赵育民提供。

参 考 文 献

[1] 汪小兰，田荷珍，耿承延，等. 基础化学. 北京：高等教育出版社，1995
[2] 李桂馨，李维斌，傅燕燕，等. 分析化学. 北京：人民卫生出版社，1985
[3] 马长清，谢秋元，邱细敏，等. 分析化学实验. 北京：中国医药科技出版社，2004
[4] 中国药典. 北京：中国医药科技出版社，2000
[5] 曾昭琼，曾和平，李景宁，等. 有机化学实验. 北京：高等教育出版社，2000
[6] 陆光裕，何志强，陈和顺，等. 有机化学. 北京：人民卫生出版社，1985
[7] 刘斌，李玮路. 有机化学. 北京：人民卫生出版社，2004
[8] 北京师范大学. 无机化学实验. 第2版. 北京：高等教育出版社，2000
[9] 季春阳，贾海涛，韩鸿君. 中学化学实验研究. 哈尔滨：黑龙江教育出版社，2001
[10] 黄南诊，欧英富. 无机化学. 北京：人民卫生出版社，2003